中等职业教育机械类系列教材

金属工艺学

主　编　范英杰　张　弘
副主编　张玉鑫
参　编　丁广林　侯　敏　赵　诣　罗　恺
主　审　范梅梅

机械工业出版社

本书是为了适应中等职业教育的发展需要，根据《教育部关于进一步深化中等职业教育教学若干意见》编写的。

本书通过课题和实际工作任务将原本枯燥的理论知识讲解得更生动、形象，易于理解和掌握。本书共分为七个课题，每个课题通过任务的设置和引导，阐述了金属的组织结构、金属的力学性能、常用机械工程材料、钢的热处理、金属热加工基础、金属切削加工基础及综合实践应用等内容。本书通俗易懂，实用性强。

本书配有电子课件，使用本书作为教材的教师可登录机工教育服务网（www.cmpedu.com）免费注册并下载，或来电（010-88379197）索取。

本书可作为中等职业学校机械类及其相关专业的专业基础课教材，也可作为相关人员的培训和参考用书。

图书在版编目（CIP）数据

金属工艺学/范英杰，张弘主编．—北京：机械工业出版社，2015.9（2025.1重印）
中等职业教育机械类系列教材
ISBN 978-7-111-51110-6

Ⅰ.①金… Ⅱ.①范… ②张… Ⅲ.①金属加工-工艺学-中等专业学校-教材 Ⅳ.①TG

中国版本图书馆CIP数据核字（2015）第184610号

机械工业出版社（北京市百万庄大街22号 邮政编码100037）
策划编辑：王佳玮 责任编辑：王佳玮 张丹丹
责任校对：佟瑞鑫 封面设计：张 静
责任印制：张 博
北京建宏印刷有限公司印刷
2025年1月第1版第6次印刷
184mm×260mm · 10印张 · 246千字
标准书号：ISBN 978-7-111-51110-6
定价：29.80元

电话服务	网络服务
客服电话：010-88361066	机 工 官 网：www.cmpbook.com
010-88379833	机 工 官 博：weibo.com/cmp1952
010-68326294	金 书 网：www.golden-book.com
封底无防伪标均为盗版	机工教育服务网：www.cmpedu.com

前　言

本书是根据《教育部关于进一步深化中等职业教育教学若干意见》，结合多所学校教学经验，在广泛征求机械类专业用人单位建议的基础上编写而成的。本书的主要特点如下：

（1）本书将传统教材的理论与试验两部分科学融合，以任务为引领，突出实践教学内容，强调理论知识的实际应用，形成理实一体的教材体系。

（2）本书针对机械类专业的培养目标、岗位需求（包括知识结构与能力结构）及用人单位的意见编写大纲，专业针对性强。

（3）本书采用最新的国家标准。

本书建议学时为72学时，分配如下：

课　题	建议学时		合　计
	理　论	实　践	
课题1	5	1	6
课题2	4	2	6
课题3	7.5	0.5	8
课题4	10	4	14
课题5	12	4	16
课题6	12	4	16
课题7	0.5	5.5	6
总计	51	21	72

本书由范英杰、张弘任主编，张玉鑫任副主编。编写人员及具体分工如下：范英杰（课题3）、张弘（课题5）、张玉鑫（课题6）、丁广林（课题1）、侯敏（课题2）、赵诣（课题4）、罗恺（课题7）。

本书主审范梅梅教授仔细审阅了全部文稿和图稿，提出了许多宝贵意见和建议，在此表示衷心的感谢。

由于编者水平有限，书中难免会有错误和不当之处，敬请广大读者批评指正。

编　者

目　录

课题 1

金属的组织结构

能力目标

1. 掌握金属材料力学性能的主要指标。
2. 掌握铁碳合金的基本组织及合金相图。
3. 能够使用金相显微镜观察常见金相组织。

任务　观察铁碳合金的金相组织

在显微镜下观察并认识铁碳合金的金相平衡组织。

实施任务

1. 任务所需主要设备仪器

4X 型金相显微镜、P-2 型金相试样抛光机、抛光粉、硝酸酒精溶液、金相显微样品、金相砂纸。

2. 任务实施过程

（1）金相试样的制备

1）取样。购买八种金相显微样品，包括工业纯铁、20 钢、45 钢、T8、T12、亚共晶白口铸铁、共晶白口铸铁、过共晶白口铸铁。

2）磨光。用手拿持试样直接在金相砂纸上进行打磨，目的是除去试样表面的锈渍。

3）抛光。使用金相抛光机进行表面抛光，目的是除去试样表面的细微磨痕。

4）浸蚀。将抛光后的试样用清水冲洗后，用酒精洗去残余的抛光液，并用棉球蘸取浸蚀剂在样品表面涂抹一定时间，然后用清水冲洗，再用酒精清洗，目的是显示金相平衡组织。

5）吹干。用电热吹风机吹干。

（2）观察铁碳合金的平衡组织　在金相显微镜下观察，若金相平衡组织的特点不明显，再重复步骤（1），直至金相平衡组织的特点明显为止。

1）观察铁素体（F）。如图 1-11 所示，浸蚀后，铁素体在显微镜下是亮白色边界呈现暗黑且比较平缓的多边形晶粒。

2）观察渗碳体（Fe_3C）。浸蚀后，渗碳体在显微镜下呈亮白色。

3）观察珠光体（P）。如图 1-13 所示，珠光体是铁素体（F）和渗碳体（Fe_3C）的机械混合物，浸蚀后可观察到两种不同的组织形态。

① 片状珠光体，在不同放大倍数的显微镜下可看到不同特征的层片状组织。当显微镜放大倍数较高时，能清楚地看到珠光体中渗碳体呈片状分布在铁素体的基体上；当放大倍数较低时，只能看到一条黑线，这条黑线就代表了渗碳体边缘的边界线；当组织很细，显微镜放大倍数更低时，珠光体片层无法辨认，呈现黑色。

② 球状珠光体，在亮白色的铁素体基体上均匀分布着白色渗碳体颗粒，其边界呈暗黑色。

4）低温莱氏体（Ld）。如图 1-14 所示，低温莱氏体是珠光体和渗碳体的机械混合物，其显微组织的特点是在亮白色的渗碳体的基体上相间地分布着暗黑斑点及细条状的珠光体。

（3）八种典型铁碳合金室温组织的特点（见表 1-1）

表 1-1　八种典型铁碳合金室温组织的特点

序号	类型及碳的质量分数（%）	样品及碳的质量分数（%）	处理方法	放大倍数	显微组织	试样号
1	工业纯铁（0～0.0218）	工业纯铁（0～0.0218）	退火	400×	$F+Fe_3C_{Ⅲ}$	1号
2	亚共析钢（0.0218～0.77）	20钢（0.2）	退火	400×	F+P	2号
3		45钢（0.45）	退火	400×	F+P	3号
4	共析钢（0.77）	T8（0.77）	退火	400×	P	4号
5	过共析钢（0.77～2.11）	T12（1.2）	退火	400×	$P+Fe_3C_{Ⅱ}$	5号
6	亚共晶白口铸铁（2.11～4.3）	亚共晶白口铸铁（2.11～4.3）	铸态	200×	$Ld'+P+Fe_3C_{Ⅱ}$	6号
7	共晶白口铸铁（4.3）	共晶白口铸铁（4.3）	铸态	200×	Ld′	7号
8	过共晶白口铸铁（4.3～6.69）	过共晶白口铸铁（4.3～6.69）	铸态	200×	$Ld'+Fe_3C_{Ⅰ}$	8号

3. P-2 型金相试样抛光机的使用（见图 1-1）

1）将抛光机安置在平整的地面上。

2）取下盖、罩、套圈及抛光盘。

3）把润湿后的抛光织物张紧在抛光盘上，再将套圈套入。

4）装上了抛光织物的抛光盘，对准锥套上的螺钉，就可以套在锥套上面。

5）将罩紧压在盘内。

6）在排水管出口处放置一个容器，或将排水管通向水沟，使废液排出。

7）插头插入电源插座，接通开关后，就可以进行抛光工作。

8）抛光粉要配成抛光液使用，抛光过程中要不断注入适量的抛光液。

9）抛光时，应使试样磨面均衡地压在旋转的抛光盘上，压力不宜过大，并使试样沿抛光盘的半径方向从中心到边缘来回移动。

10）抛光后期应使试样在抛光盘上各方向转动。

11）为尽量减少抛光表层金属变形的可能性，整个抛光时间不宜过长，当磨痕全部消除，出现镜面后，抛光即可停止。

4. 4X 型金相显微镜的使用（见图 1-2）

1）首先将显微镜的光源插头插在变压器上，通过低压（6～8V）变压器接通电源。

2）根据放大倍数选用所需的物镜 2 和目镜 9，分别安装在物镜座上及目镜筒内，并使转换器转至固定位置（由定位器定位）。

3）试样放在载物台中心，使观察面朝下并用弹簧片压住。

图 1-1　P-2 型金相试样抛光机

4）转动粗调焦手轮 7，先使载物台 1 下降，同时用眼观察，使物镜尽可能接近试样表面（但不得与试样相碰），然后反向转动粗调焦手轮，使载物台渐渐上升，以调节焦距，当视场亮度增强时，再改用微调焦手轮 6 调节，直到物像调整到最清晰程度为止。

5）适当调节孔径光阑 14 的大小，达到最佳效果。

6）旋转视场光阑圈 13，使光阑放大或缩小，以达到最佳效果。

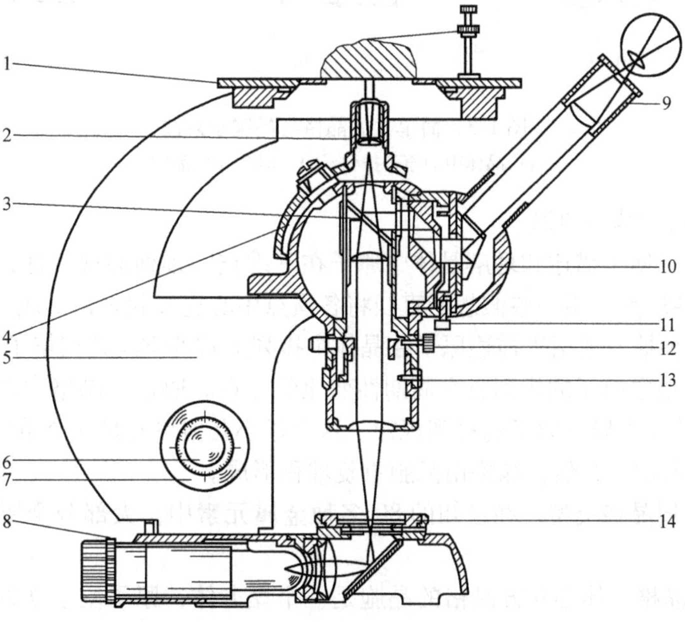

图 1-2　4X 型金相显微镜

1—载物台　2—物镜　3—半反光镜　4—转换器　5—传动箱　6—微调焦手轮
7—粗调焦手轮　8—偏心圈　9—10×目镜　10—目镜管　11—固定螺钉
12—调节螺钉　13—视场光阑圈　14—孔径光阑

知识链接

金属材料的性能与金属的化学成分、内部组织结构有着密切的联系。即使是同一种金属材料，由于加工工艺不同，其内部结构也不相同，从而使金属材料具有不同的性能。因此，研究金属材料的内部结构及其变化规律，是了解金属材料性质、正确选用金属材料、合理制定金属材料加工方法的基础。

1.1 金属的晶体结构与结晶

1.1.1 纯金属的晶体结构与结晶

1. 纯金属的晶体结构

（1）晶体与非晶体　一切物质都是由原子组成的，根据原子排列是否规则，固态物质可分为晶体和非晶体两类。晶体是指其组成微粒（原子、离子或分子）呈规则排列的物质，如图1-3a所示。晶体具有固定熔点和各向异性特征，金刚石、石墨及一般固态金属材料等是晶体。非晶体是指其组成微粒无规则堆积在一起的物质，玻璃、沥青、石蜡、松香等都是非晶体。

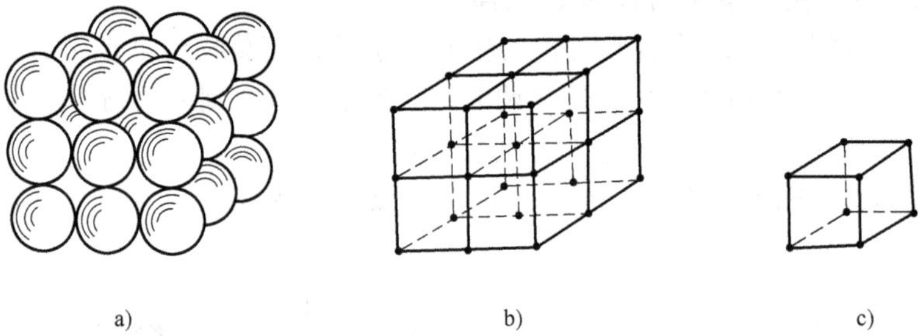

图1-3　简单立方晶格与晶胞示意图
a）晶体中的原子排列　b）晶格　c）晶胞

（2）晶体结构的基本知识

1）晶格。为了便于描述和理解晶体中原子在三维空间排列的规律性，可把晶体内部原子近似地视为刚性质点，用一些假想的直线将各质点中心连接起来，形成一个空间格子，如图1-3b所示。这种抽象地用于描述原子在晶体中排列形式的空间几何格子称为晶格。

2）晶胞。晶格中原子的排列具有周期性变化的特点。通常从晶格中选一个能反映晶格特征的最小几何单元来研究原子的排列规律。这个最小几何单元是一个单位晶格，通常称为晶胞，如图1-3c所示。显然，晶格由晶胞重复堆积形成。

3）常见的金属晶格类型。在已知的80多种金属元素中，大部分金属结构都属于下面三种类型。

① 体心立方晶格。体心立方晶格的晶胞是一个立方体，原子位于立方体的中心和8个顶点上，晶胞中实际含有的原子数为2个，如图1-4所示。属于这类晶格的金属有α铁（α-Fe）、铬（Cr）、钨（W）、钼（Mo）、钒（V）等，这类金属的塑性较好。

② 面心立方晶格。面心立方晶格的晶胞也是一个立方体，原子位于立方体6个面的中心处和8个顶点上，晶胞中实际含有的原子数为4个，如图1-5所示。属于这类晶格的金属有γ铁（γ-Fe）、铝（Al）、铜（Cu）、金（Au）、镍（Ni）、银（Ag）等，这类金属的塑性通常

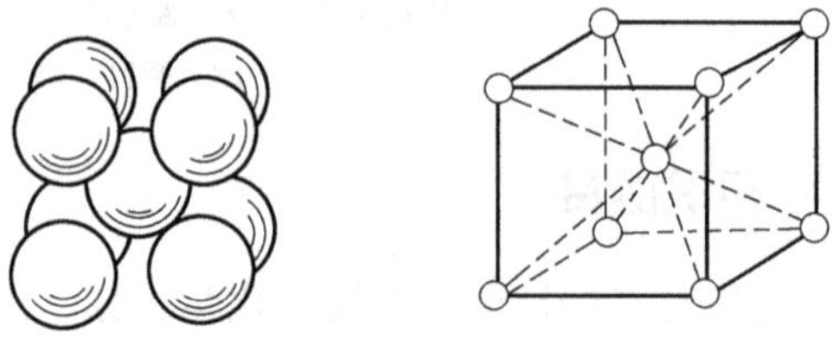

图1-4　体心立方晶格示意图

优于具有体心立方晶格的金属。

③ 密排六方晶格。密排六方晶格的晶胞是一个六方柱体，原子位于 2 个底面的中心处和 12 个顶点上，柱体内部还包含着 3 个原子，晶胞中实际含有的原子数为 6 个，如图 1-6 所示。属于这类晶格的金属有 α 钛（α-Ti）、镁（Mg）、锌（Zn）、铍（Be）等，这类金属较脆。

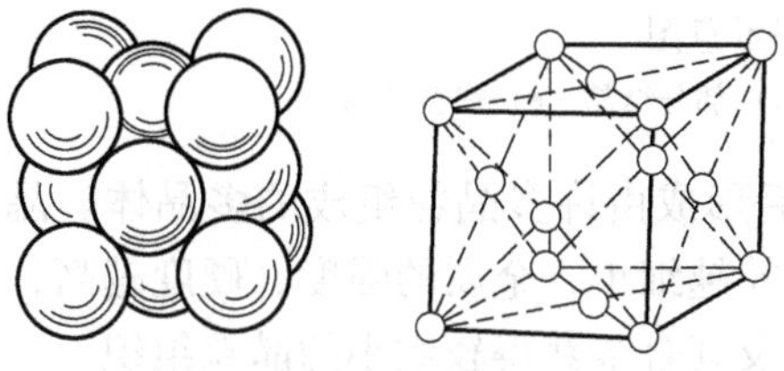

图 1-5 面心立方晶格

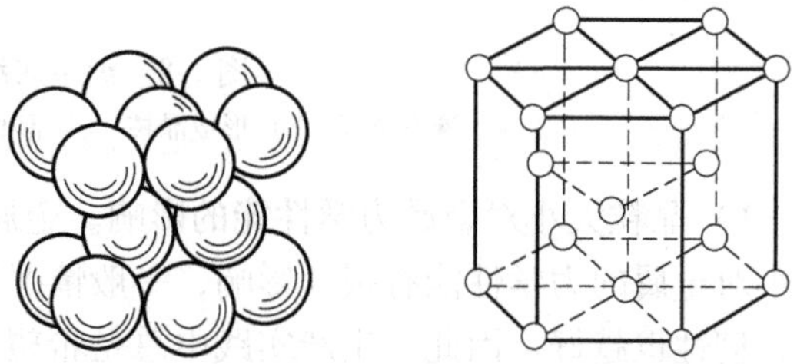

图 1-6 密排六方晶格

2. 纯金属的结晶

除粉末冶金产品外，大多数的金属制件都是经过熔化、冶炼和浇注而获得的，这种由液态转变为固态的过程称为凝固。通过凝固形成晶体的过程称为结晶。金属结晶形成的组织将直接影响金属的各种性能。研究金属结晶就是为了掌握结晶的基本规律，以便指导实际生产，获得所需要的组织和性能。

（1）结晶冷却曲线与过冷度 纯金属的结晶是在一定温度下进行的，通常采用热分析法测量其结晶温度。首先将金属熔化，然后以缓慢的速度冷却，在冷却过程中，每隔一定时间测定一次温度，最后将测量结果绘制在温度-时间坐标上，即可得到图 1-7 所示的纯金属结晶冷却曲线。

从结晶冷却曲线可见，金属液随着时间的推移，温度不断下降。当冷却到某一温度时，在结晶冷却曲线上出现水平线段，这个水平线段所对应的温度就是金属的理论结晶温度（T_0）。另外，从图 1-7 中的曲线还可看出，金属在实际结晶过程中，从液态必须冷却到理论结晶温度以下才开始结晶，这种现象称为过冷。理论结晶温度（T_0）和实际结晶温度 T_1 之差 ΔT 称为过冷度。

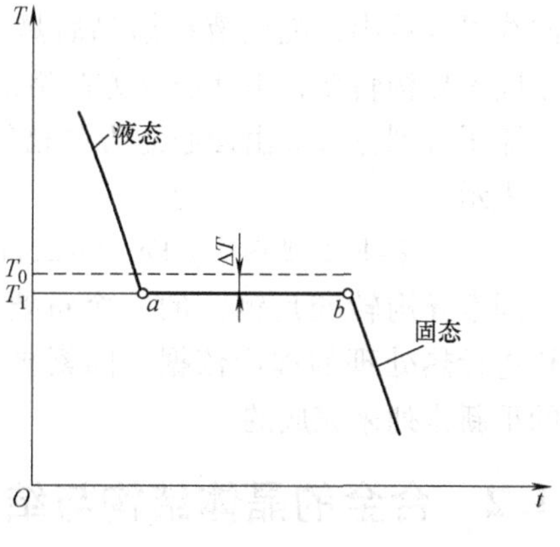

图 1-7 纯金属的结晶冷却曲线

实验研究指出：金属结晶时的过冷度并不是一个恒定值，与其冷却速度有关，冷却速度越大，过冷度越大，金属的实际结晶温度也越低。在实际生产中，金属结晶必须在一定的过冷度下进行，过冷是金属结晶的必要条件，但不是充分条件。

（2）金属的结晶过程 金属液在达到结晶温度时，首先形成一些极细小的微晶体，即晶核。随着时间的推移，已形成的晶核不断长大，同时，又有新的晶核形成、长大，直至金属液全部凝固，如图 1-8 所示。晶核的形成和晶核的长大是金属结晶的基本过程。

（3）金属结晶后的晶粒大小

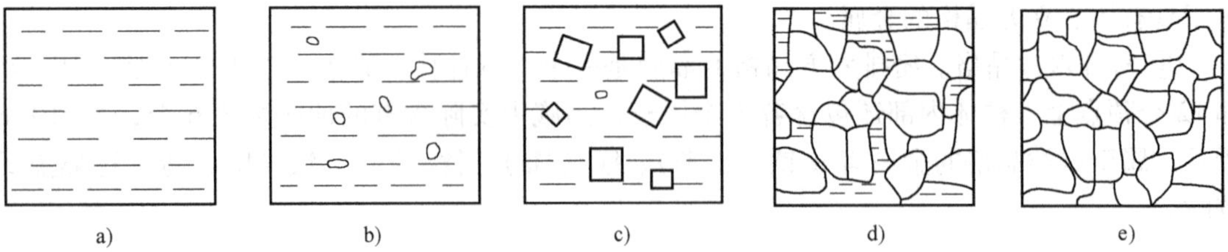

图 1-8　纯金属结晶过程示意图

a）液态金属　b）形成晶核　c）晶核长大　d）部分结晶　e）完全结晶

1）晶粒大小对金属力学性能的影响。金属结晶后形成由许多晶粒组成的多晶体。晶粒大小对金属的力学性能有很大影响，一般情况下，晶粒越细小，金属的强度、硬度越高，塑性、韧性也越好。因此，生产实践中总是希望使金属及其合金获得较细小的晶粒组织。

2）细化晶粒的方法。生产中为了获得细小的晶粒组织，常采用以下方法：

① 增大过冷度，即加快金属液的冷却速度，如降低浇注温度；采用蓄热大的和散热快的金属铸型；局部加冷铁以及采用水冷铸型等。但这些措施对大型铸件的效果都不明显。

② 变质处理。所谓变质处理，就是在浇注前以少量固体粉末物质加入金属液中，促进形核，以细化晶粒，改善金属组织和性能的方法。

③ 采用振动的方法，包括机械振动、超声波振动和电磁振动等，可使生长中的枝晶破碎，使晶核数增多，从而细化晶粒。

3. 金属的同素异构转变

大多数金属结晶完成后晶格类型都不会再发生变化。但有少数金属（如铁、锰、钛等），在结晶成固态后继续冷却时，晶格类型还会发生变化。金属在固态下由一种晶格转变为另一种晶格的转变过程称为同素异构转变或称同素异晶转变。如图 1-9 所示，由纯铁的冷却曲线可以看出，纯铁液在结晶后具有体心立方晶格，称为 δ-Fe；当其冷却到 1394℃时，发生同素异构转变，由体心立方晶格的 δ-Fe 转变为面心立方晶格的 γ-Fe；再冷却到 912℃时，原子排列方式又由面心立方晶格转变为体心立方晶格，称为 α-Fe。上述转变过程可由下式表示：

$$\delta\text{-Fe} \underset{}{\overset{1394^\circ\mathrm{C}}{\rightleftharpoons}} \gamma\text{-Fe} \overset{912^\circ\mathrm{C}}{\rightleftharpoons} \alpha\text{-Fe}$$

同素异构转变是钢铁的一个重要特性，它是钢铁能够进行热处理的理论依据。同素异构转变是通过原子的重新排列来完成的。

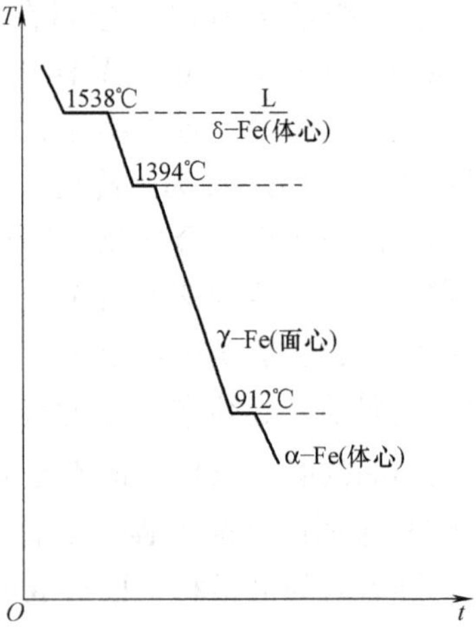

图 1-9　纯铁的冷却曲线与同素异构转变示意图

1.1.2　合金的晶体结构与结晶

1. 合金的晶体结构

（1）基本概念

1）合金。合金是指两种或两种以上的金属元素或金属与非金属元素组成的金属材料，如普通黄铜是由铜和锌两种金属元素组成的合金，钢和铸铁是由铁和碳等组成的合金。

2）组元。组成合金最基本的独立物质称为组元。

一般来说，组元就是组成合金的元素，但有时也可将稳定的化合物作为组元。

3）合金系。由若干给定组元按不同比例配制而成的一系列成分不同的合金称为合金系。

4）相。相是指在一个合金系统中具有相同的物理性能和化学性能，并与该系统的其余部分以界面分开的物质部分。例如，在铁碳合金中，α-Fe 为一个相，Fe_3C 为一个相；水和冰虽然化学成分相同，但其物理性能不同，故为两个相。

5）组织。组织是指用金相观察方法，在金属及其合金内部看到的涉及晶体或晶粒的大小、方向、形状、排列状况等组成关系的构造情况。由于合金的性能取决于组织，而组织又首先取决于合金中的相，所以，为了掌握合金的组织和性能，首先必须了解合金晶体的结构。

（2）合金的晶体结构　根据合金中各组元间的相互作用，合金中的晶体结构可分为固溶体、金属化合物及机械混合物三种类型。

1）固溶体。将糖溶于水中，可以得到糖在水中的“液溶体”，其中水是溶剂，糖是溶质。合金中也有类似的现象。合金在固态下一种组元的晶格内溶解了另一种组元的原子而形成的晶体相称为固溶体。根据溶质原子在溶剂晶格中所占位置的不同，可将固溶体分为置换固溶体和间隙固溶体。

应当指出，无论是置换固溶体还是间隙固溶体，异类原子的插入都将使固溶体晶格发生畸变，增加位错运动的阻力，使固溶体的强度、硬度提高。这种通过溶入溶质原子形成固溶体，使合金强度、硬度升高的现象称为固溶强化。固溶强化是强化金属材料的重要途径之一。

实践证明，只要适当控制固溶体中溶质的含量，就能在显著提高金属材料强度的同时仍然使其保持较高的塑性和韧性。

2）金属化合物。金属化合物是指合金中各组元间原子按一定整数比结合而形成的具有金属特性的新相。例如，铁碳合金中的渗碳体 Fe_3C 就是铁和碳组成的化合物。金属化合物具有与其构成组元晶格截然不同的特殊晶格，熔点高、硬而脆。合金中出现金属化合物时，通常能显著地提高合金的强度、硬度和耐磨性，但合金的塑性和韧性也会明显地降低。

3）机械混合物。纯金属、固溶体、金属化合物均是组成合金的基本相。由两相或两相以上组成的多相组织称为机械混合物。在机械混合物中，各组成相仍保持着它原有的晶格类型和性能，而整个机械混合物的性能介于各组成相性能之间，与各组成相的性能以及相的数量、形状、大小和分布状况等密切相关。在金属材料中使用的合金材料绝大多数都是机械混合物这种组织状态。

2. 合金的结晶

合金结晶后可形成不同类型的固溶体、金属化合物或机械化合物。合金的结晶过程同纯金属一样，仍为晶核形成和晶核长大两个过程，结晶时也需要一定的过冷度，最后形成由多晶粒组成的晶体。合金与纯金属结晶的不同之处在于：

1）纯金属结晶是在恒温下进行的，只有一个临界点。而合金则绝大多数是在一个温度范围内进行结晶的，结晶的开始温度和终止温度不相同，有两个临界点（即一个开始结晶点和一个结晶终止点），只有在某一特定化学成分的合金中才会出现一个临界点。

2）合金结晶过程中，在局部范围内其化学成分（即浓度）有变化，结晶终止后整个晶体的平均化学成分与原合金的化学成分相同。

3）合金结晶后的组织状态一般有三种：第一种是形成单相固溶体；第二种状态是形成单相金属化合物或同时结晶出两相机械混合物；第三种状态是结晶开始形成单相固溶体（或单相金属化合物），剩余液体又同时结晶出两相机械混合物。

合金的结晶过程比纯金属复杂得多，其结晶冷却曲线如图1-10所示。

由一定化学成分的液体合金中同时结晶出两种固相物质的转变过程称为共晶转变（或称共晶反应），其结晶产物称为共晶体。实验证明，共晶转变是在恒温下进行的。

在固态下由一种单相固溶体中同时析出两相固体物质的转变过程称为共析转变（或称共析反应）。共析转变同共晶转变一样，也是在恒温下进行的。

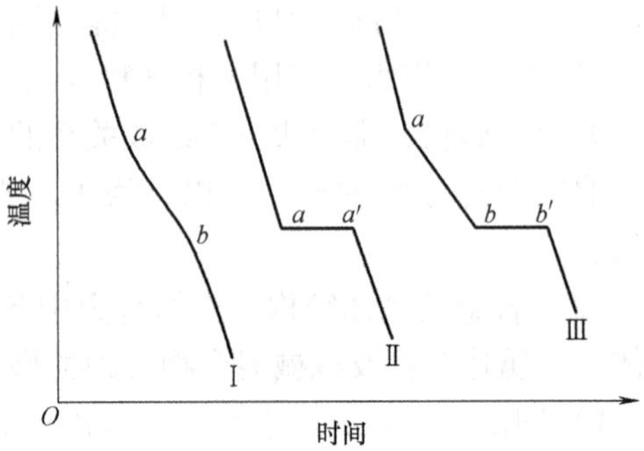

图1-10　合金结晶冷却曲线

Ⅰ—形成单相固溶体　Ⅱ—形成单相金属化合物或结晶出共晶体　Ⅲ—形成单相固溶体机械混合物

1.2　铁碳合金相图

1.2.1　铁碳合金的基本组织

铁和碳的合金称为铁碳合金，如钢和铸铁都是铁碳合金。要掌握各种钢和铸铁的组织、性能，以及加工方法等，必须先了解铁碳合金的化学成分、组织与性能之间的关系。铁碳合金相图是研究铁碳合金组织与化学成分、温度关系的重要图形，了解和掌握它对制定钢铁的各种加工工艺都有着重要的指导作用。铁碳合金在固态下的基本组织有铁素体、奥氏体、渗碳体、珠光体和莱氏体。

1. 铁素体（F）

铁素体是碳溶解在α-Fe中形成的间隙固溶体，用符号F表示。由于α-Fe晶粒的间隙小，溶解碳量极微，其最大溶碳量只有0.0218%（727℃），所以是几乎不含碳的纯铁。铁素体具有良好的塑性和韧性，但强度和硬度却较低。它在770℃以下具有磁性。在显微镜下观察，铁素体呈明亮的多边形晶粒，如图1-11所示。

2. 奥氏体（A）

奥氏体是碳溶解在γ-Fe中形成的间隙固溶体，用符号A表示。γ-Fe的溶碳能力较强，最大为2.11%（1148℃）。奥氏体具有一定的强度和硬度，塑性也很好。由于γ-Fe一般存在于727～1394℃，所以奥氏体也只出现在高温区域内。在生产中，钢材大多数都要加热至高温奥氏体状态后再进行压力加工，原因是奥氏体组织塑性好而又便于成形。用金相显微镜观察，奥氏体的显微组织呈多边形晶粒状态，但晶界比铁素体的晶界平直，如图1-12所示。

3. 渗碳体（Fe_3C）

渗碳体是指晶体点阵为正交系、化学式为Fe_3C的一种金属化合物。渗碳体中碳的质量分数为6.69%，其结构较复杂，硬度很高，但脆性大，塑性与韧性极低。在金相显微镜下观察，渗碳体（Fe_3C）有银白色光泽。

渗碳体是碳在铁碳合金中的主要存在形式，是亚稳定的金属化合物，在一定条件下渗碳体可分解成石墨，这一过程对于铸铁的生产具有重要意义。

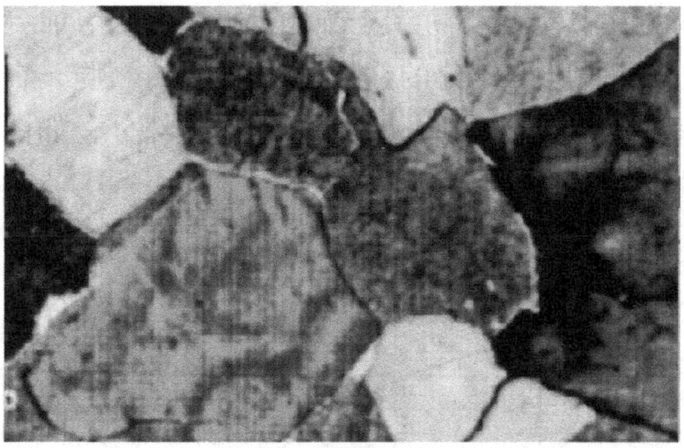

图 1-11　铁素体的显微组织

图 1-12　奥氏体的显微组织

4. 珠光体（P）

珠光体是指奥氏体从高温缓慢冷却时发生共析转变所形成的，是铁素体（软）和渗碳体（硬）组成的机械混合物，常用符号“P”表示。珠光体碳的质量分数平均为 0.77%，在 727℃以下温度范围内存在。珠光体的性能介于铁素体和渗碳体之间，有一定的强度和塑性，硬度适中，是一种综合力学性能较好的组织。在珠光体的组织中，渗碳体一般呈片状分布在铁素体基体上，形成的显微组织状态酷似珍珠贝母外壳形纹，故称为珠光体组织，如图 1-13 所示。

5. 莱氏体（Ld）

莱氏体是指高碳的铁碳合金在结晶过程中发生共晶转变形成的由奥氏体和渗碳体所组成的机械混合物。莱氏体碳的质量分数为 4.3%。奥氏体在 727℃时将转变为珠光体，所以在室温下由珠光体和渗碳体组成的机械混合物，称为低温莱氏体，用符号 Ld′表示。高温莱氏体仅存在于 727℃以上，用符号 Ld 表示。莱氏体的性能和渗碳体相似，硬度很高，塑性很差。莱氏体显微组织可以看成是在渗碳体的基体上分布着颗粒状的奥氏体（或珠光体），如图 1-14 所示。

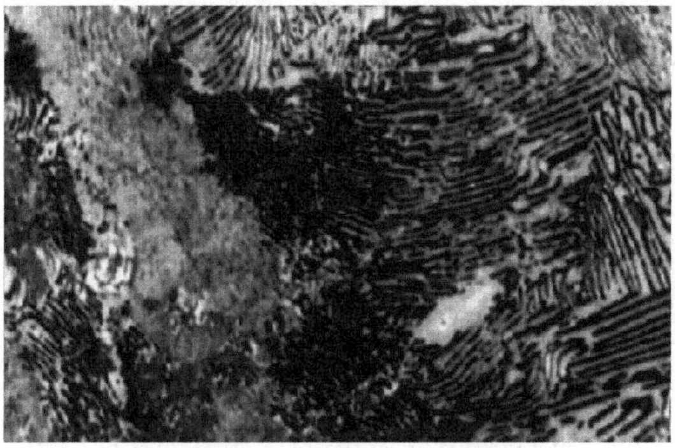

图 1-13　珠光体的显微组织

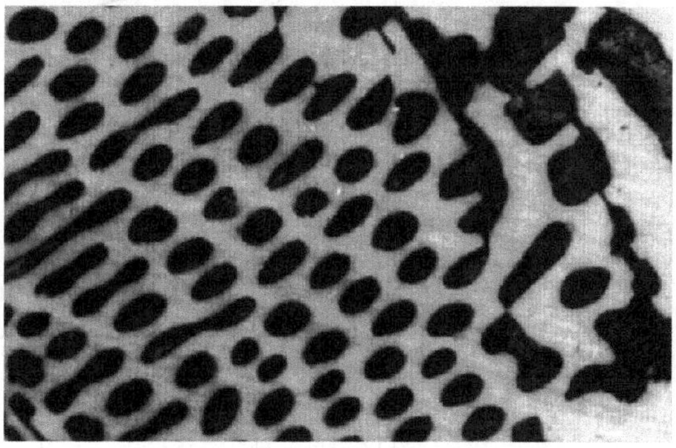

图 1-14　莱氏体的显微组织

1.2.2　铁碳合金相图

1. Fe-Fe_3C 相图

合金相图是表示在极缓慢冷却（或加热）条件下，不同化学成分的合金，在不同温度下所具有的组织状态的一种图形。它是以温度为纵坐标、合金成分（ Fe_3C 或碳的质量分数）为横坐标的图形。碳的质量分数 $w_C>5\%$ 的铁碳合金，尤其当碳的质量分数增加到 6.69%时，铁碳合金几乎全部变为化合物 Fe_3C，这种化学成分的铁碳合金性能硬而脆，在机械工程上很少应用。所以，在研究铁碳合金相图时，只需研究 $w_C\leqslant 6.69\%$ 的部分，如图 1-15 所示。简化的 Fe-Fe_3C 相图如图 1-16 所示。

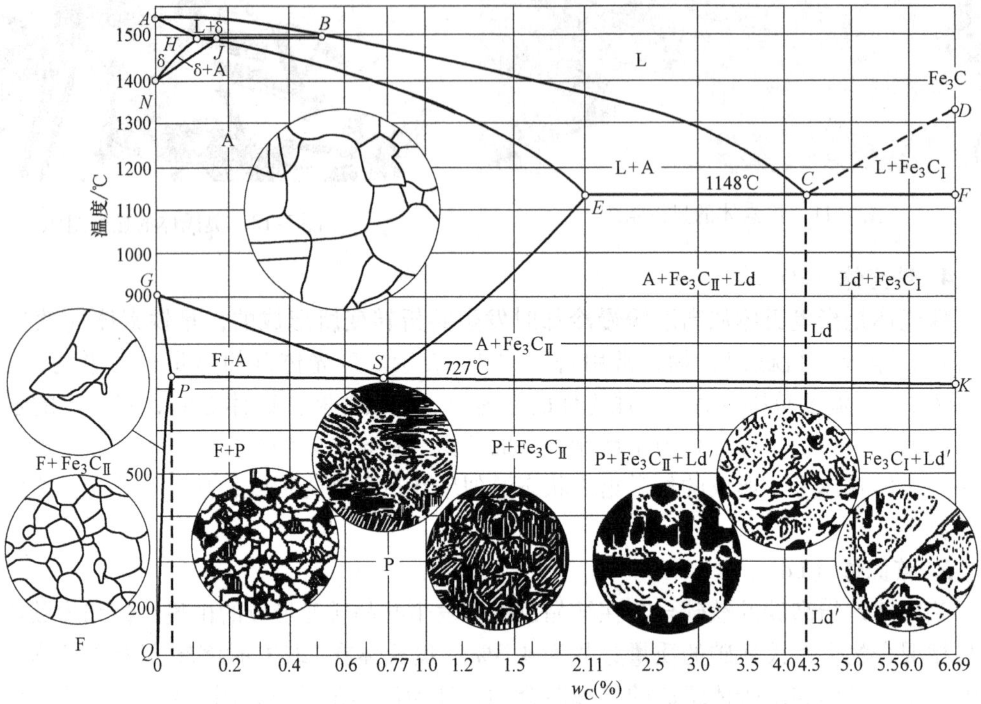

图 1-15　Fe-Fe_3C 相图

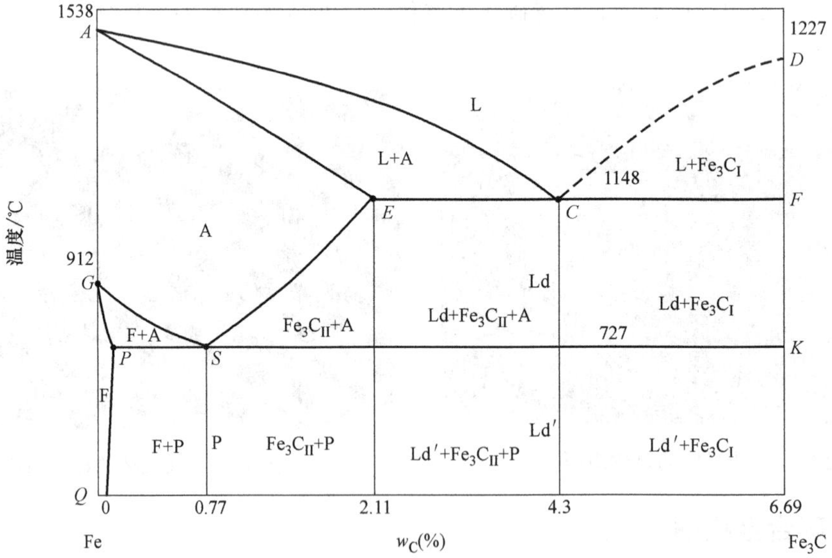

图 1-16　简化的 Fe-Fe_3C 相图

（1）Fe-Fe_3C 相图中的主要特性点　Fe-Fe_3C 相图中主要特性点的温度、碳的质量分数及其含义见表 1-2。

表 1-2 Fe-Fe_3C 相图中主要特性点

特性点	温度/℃	w_C(%)	特性点的含义
A	1538	0	纯铁的熔点或结晶温度
C	1148	4.3	共晶点,发生共晶转变 $L_{4.3} \Longleftrightarrow A_{2.11} + Fe_3C$
D	1227	6.69	渗碳体的熔点
E	1148	2.11	碳在 γ-Fe 中的最大溶解度或钢与生铁的分界点
F	1148	6.69	共晶渗碳体的成分点
G	912	0	α-Fe⟺γ-Fe 同素异构转变点
S	727	0.77	共析点,发生共析转变 $A_{0.77} \Longleftrightarrow F_{0.0218} + Fe_3C$
P	727	0.0218	碳在 α-Fe 中的最大溶解度
Q	室温	0.0008	碳在 α-Fe 中的溶解度

(2) Fe-Fe_3C 相图中主要特征线

1) *ACD* 线为液相线。在 *ACD* 线以上铁碳合金处于液体状态 (L),冷却下来时碳的质量分数小于4.3%的铁碳合金在 *AC* 线开始结晶出奥氏体 (A);碳的质量分数大于4.3% 的铁碳合金在 *CD* 线开始结晶出渗碳体,称一次渗碳体,用 Fe_3C_{I} 表示。

2) *AECF* 线。*AECF* 线称为固相线。在 *AECF* 线以下的铁碳合金均呈固体状态。

3) *ECF* 线。*ECF* 线称为共晶线。在此线以上液态铁碳合金将发生共晶转变,其反应式为

$$L_{4.3} \xrightleftharpoons{1148℃} A_{2.11} + (Fe_3C)_{6.69}$$

共晶转变形成的奥氏体与渗碳体的机械混合物,称为莱氏体 (Ld)。碳的质量分数为2.11% ~6.69%的铁碳合金在冷却过程中均会发生共晶转变。

4) *PSK* 线。*PSK* 线也是一条水平 (恒温) 线,称为共析线,通常称为 A_1 线。在此线上奥氏体将发生共析转变,其反应式为

$$A_{0.77} \xrightleftharpoons{727℃} F_{0.0218} + (Fe_3C)_{6.69}$$

共析转变形成的铁素体与渗碳体的机械混合物,称为珠光体 (P)。碳的质量分数在0.0218% ~6.69%之间的铁碳合金在冷却过程均会发生共析转变。

5) *GS* 线。*GS* 线表示由奥氏体冷却时析出铁素体的开始线,通常称为 A_3 线。

6) *SE* 线。*SE* 线是碳在奥氏体中的溶解度随温度变化的曲线,通常称为 A_{cm}线。它表示随着温度的降低,奥氏体中碳的含量沿着此线逐渐减少,多余的碳以渗碳体形式析出,称为二次渗碳体,用 Fe_3C_{II} 表示,以区别于从液体中直接结晶出来的 Fe_3C_{I} 。

7) *GP* 线。*GP* 线为冷却时奥氏体转变为铁素体的终止线,或加热时铁素体转变为奥氏体的开始线。

8) *PQ* 线。*PQ* 线是碳在铁素体中的溶解度随温度变化的曲线,它表示随着温度的降低,铁素体中碳的含量沿着此线逐渐减少,多余的碳以渗碳体形式析出,称为三次渗碳体,用 Fe_3C_{III} 表示。由于其数量极少,在一般钢中对性能的影响都不大,故可忽略。

现将 Fe-Fe_3C 相图的特征线及其含义归纳于表 1-3 中。

表 1-3 Fe-Fe_3C 相图的特征线及其含义

特征线	特 征 线 的 含 义
ACD	液相线
AECF	固相线
GS	冷却时,从奥氏体中析出铁素体的开始线,用 A_3 表示
SE	碳在 γ-Fe 中的溶解度线,常用 A_{cm}表示

（续）

特征线	特 征 线 的 含 义
ECF	共晶线，$L_{4.3} \xrightleftharpoons{1148℃} A_{2.11} + (Fe_3C)6.69$
PSK	共析线，$A_{0.77} \xrightleftharpoons{727℃} F_{0.0218} + (Fe_3C)6.69$，常用 A_1 表示
PQ	表示碳在 α-Fe 中的溶解度线

（3）$Fe\text{-}Fe_3C$ 相图中的相区　$Fe\text{-}Fe_3C$ 相图中的主要相区见表 1-4。

表 1-4　$Fe\text{-}Fe_3C$ 相图中的主要相区

范　围	存在的相	相　区
ACD 线以上	L	单相区
AESGA	A	单相区
AECA	L + A	两相区
DFCD	$L + Fe_3C_Ⅰ$	两相区
GSPG	A + F	两相区
ESKF	$A + Fe_3C$	两相区
PSK 以下	$F + Fe_3C$	两相区

2. 铁碳合金的分类

$Fe\text{-}Fe_3C$ 相图上的各种合金，按其碳的质量分数和室温平衡组织的不同，可分为工业纯铁、钢和白口铸铁三类，见表 1-5。

表 1-5　铁碳合金的分类

合金类别	工业纯铁	钢			白口铸铁（生铁）		
		亚共析钢	共析钢	过共析钢	亚共晶白口铸铁	共晶白口铸铁	过共晶白口铸铁
w_C（%）	≤0.0218	$0.0218 < w_C ≤ 2.11$			$2.11 < w_C < 6.69$		
		<0.77	0.77	>0.77	<4.30	4.30	>4.30
室温组织	F	F + P	P	$P + Fe_3C_Ⅱ$	$Ld' + P + Fe_3C_Ⅱ$	Ld′	$Ld' + Fe_3C_Ⅰ$

3. 碳对铁碳合金组织和性能的影响

碳是决定钢铁材料组织和性能的最主要的元素。不同碳含量的铁碳合金在缓冷条件下，其结晶过程及最终得到的室温平衡组织不相同，碳的含量与室温平衡组织的关系见表 1-5。铁碳合金的室温平衡组织是由铁素体和渗碳体两相构成的。其中铁素体是含碳量极少的固溶体，是钢中的软韧相；渗碳体是硬而脆的金属化合物，是钢中的强化相。随着钢中碳含量的不断增加，平衡组织中的铁素体量不断减少，渗碳体量不断增多，因此，钢的力学性能发生明显的变化，如图 1-17 所示。

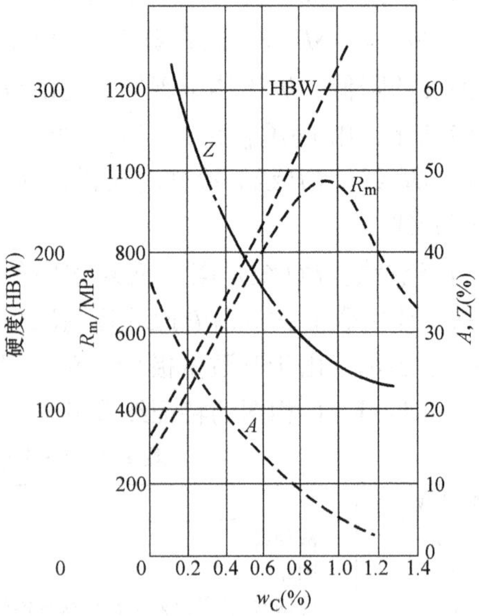

图 1-17　碳的含量对钢力学性能的影响

知识巩固

<u>观察铁碳合金的金相平衡组织</u> 实践报告

实践名称	
实践目的	
实践用设备（或器材）	
实践步骤	
实践结果（附表-试验数据）	
知识点巩固练习	1. 名词解释：晶体、合金、铁素体、奥氏体、渗碳体、珠光体、固溶体。 2. 晶体与非晶体的区别是什么？ 3. 常见的金属结晶类型有哪些？ 4. 说明金属结晶的过程和必要条件。 5. 实际金属的晶体缺陷有哪几类？ 6. Fe-Fe_3C 相图中主要特性点和特征线有哪些？

课题 2

金属的力学性能

能力目标

1. 理解强度、塑性、硬度、冲击韧度、疲劳强度的含义。
2. 会计算低碳钢的强度、塑性的数值。
3. 了解测量硬度的几种方法。
4. 了解影响冲击韧度的因素。

任务 1　测量金属的力学性能——强度、塑性

实施任务

1）制备标准试样，如图 2-3a 所示，测量试样原始尺寸 d_0、l_0。

2）检查机器是否正常。

3）将试样装入万能材料试验机，如图 2-1 所示。

4）开动机器，观察试样在拉伸过程中形状的变化。

5）当测力盘上指针来回摆动时，此时材料发生“屈服”现象，记录载荷 F_s；过了“屈服”阶段，指针继续顺时针转动，曲线又开始上升。

6）载荷到达某一数值后，指针开始回转，此时试样产生“缩颈”现象，曲线开始向下，记录此时曲线最高点对应的载荷 F_m。

7）测量试样断后尺寸：d_u、l_u，如图 2-3b 所示。

8）计算 R_m、A、Z。

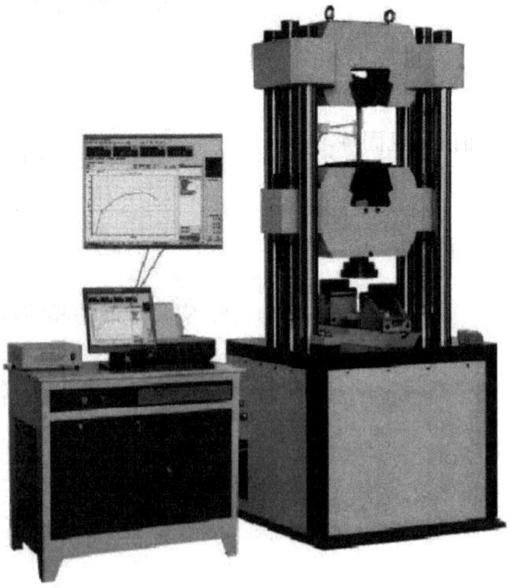

图 2-1　万能材料试验机

知识链接

机器零件或工程结构在使用时都要受到外力的作

用，金属材料在外力作用下表现的特性称为力学性能。力学性能是检定材料质量和设计零件时选用材料的主要依据。常用的力学性能主要是指强度、塑性、硬度、冲击韧度和疲劳强度。

2.1　强度和塑性

2.1.1　强度

强度是金属材料在外力作用下抵抗永久变形和断裂的能力，即材料被破坏前所能承受的最大应力，用符号 R 表示。根据受力状况的不同，金属材料的强度分为抗拉、抗压、抗弯、抗扭和抗剪强度等。通常以抗拉强度作为最基本的强度指标。

金属材料的强度、塑性可以通过拉伸试验来测定。低碳钢是常用的金属材料，其力学性能具有一定的普遍意义。低碳钢在拉伸试验中一般要经历弹性变形、屈服、强化和缩颈断裂四个阶段。

金属材料受力会产生变形。变形分为弹性变形（外力撤销可以恢复原来形状）和塑性变形（外力撤销不能恢复原来形状，形状发生变化）。试样在起初受力时产生弹性变形，如图 2-2 所示的拉伸曲线，在 e 处为弹性极限。

1. 屈服强度

当应力超过弹性极限后，进入屈服阶段，变形增加较快，此时除了产生弹性变形外，还产生部分塑性变形。当应力达到 s 点后，如图 2-2 所示的拉伸曲线，塑性应变急剧增加，应力应变出现微小波动。拉伸曲线中，在 s 点附近呈现为一段近似的水平线段，表明不用增加载荷而试件仍能继续伸长，这种现象称为屈服。材料产生屈服时的应力称为屈服强度，它是材料屈服的临界应力值。屈服阶段曲线出现一个波动的小平台，这一阶段的最大、最小应力分别称为上屈服强度（R_{eH}）和下屈服强度（R_{eL}）。由于下屈服点的数值较为稳定，因此，以它作为材料抗力的指标，称为屈服点或屈服强度。

1）对于屈服现象明显的材料（如试验用低碳钢试样），屈服强度就是屈服点的应力（屈服值）。

2）对于屈服现象不明显的材料，与应力-应变的直线关系的极限偏差达到规定值（常为0.2%的原始标距）时的应力，通常称为条件屈服强度。

屈服强度常用作固体材料力学性能的评价指标，是材料的实际使用极限。因为在应力超过材料屈服强度后产生缩颈，应变增大，使材料破坏，不能正常使用。

2. 抗拉强度（R_m）

低碳钢的拉伸曲线中，在 k 点试件被拉断。试件被拉断前所能承受的最大应力（在 m 点时）称为抗拉强度，用符号 R_m 表示，单位为 N/mm^2（MPa）。

计算公式为　$R_m = F_m/A_0$

式中　F_m——试样拉断时所能承受的最大力（N）；

A_0——试样原始横截面面积（mm^2）。

当金属材料屈服到一定程度后，由于内部晶粒重新排列，其抵抗变形的能力又重新提高，此时变形虽然发展很快，但却只能随着应力的提高而提高，直至应力达最大值，即拉伸曲线的最高点 m，如图 2-2 所示。此后，钢材抵抗变形的能力明显降低，变形急剧增大，并在最薄弱处发生较大的塑性变形，此处试件截面迅速缩小，出现缩颈现象，直至断裂破坏，

即拉伸曲线 k 点。

强度是评定材料优劣的指标，是检验材质合格与否的标准，也是机械零件设计、选材的定量依据。

金属材料的屈服点（屈服强度）与抗拉强度的比值，称为屈强比。屈强比越小，结构零件的可靠性越高。一般碳素钢屈强比为 0.6 ~ 0.65，低合金结构钢为 0.65 ~ 0.75，合金结构钢为 0.84 ~ 0.86。对于一般机器零件，屈强比高，节约材料，减轻重量。对锅炉压力容器类零件，不要求太高屈强比。屈强比低表示材料的塑性较好；屈强比高表示材料的抗变形能力较强，不易发生塑性变形。

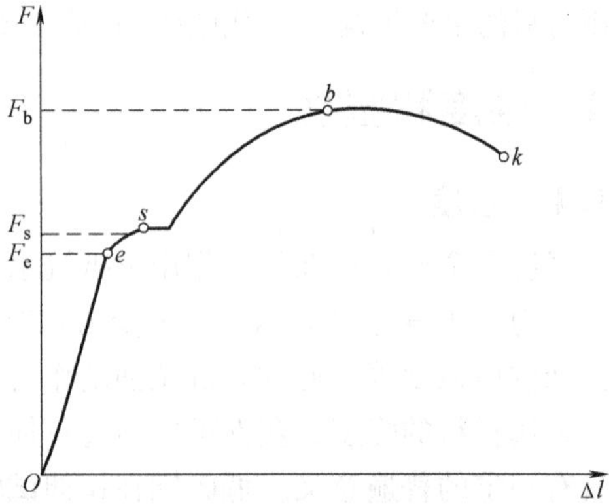

图 2-2 低碳钢的拉伸曲线

2.1.2 塑性

塑性是金属材料在外力作用下产生不能恢复的变形而不被破坏的能力。金属材料在受到拉伸时，长度和横截面面积都要发生变化，因此，金属的塑性可以用长度的伸长率 A 和断面收缩率 Z 两个指标来衡量。

伸长率是试样拉伸断裂后，标距段的总变形与原标距长度之比的百分数。收缩率是试样拉伸断裂后，横截面面积的总变形与原横截面面积之比的百分数。

计算公式为

$$A = (L_u - L_0)/L_0 \times 100\%$$

$$Z = (S_0 - S_u)/S_0 \times 100\%$$

式中 L_u——试样断裂后的长度（mm）；

L_0——试样的原标距长度（mm）；

S_0——试样的原始横截面面积（mm^2）；

S_u——试样断裂后最小横截面面积（mm^2）。

金属材料的伸长率 A 和断面收缩率 Z 越大，表示该材料的塑性越好，即材料能承受较大的塑性变形而不破坏。一般把伸长率大于 5% 的金属材料称为弹塑性材料（如低碳钢等），而把伸长率小于 5% 的金属材料称为脆性材料（如灰铸铁等）。塑性好的材料，它能在较大的宏观范围内产生塑性变形，并在塑性变形的同时使金属材料因塑性变形而强化，从而提高材料的强度，保证了零件的安全使用。此外，塑性好的材料可以顺利地进行某些成形工艺加工，如冲压、冷弯、冷拔、校直等。因此，选择金属材料作为机械零件时，必须满足一定的塑性指标。

塑性也是零件设计选材的参考依据，是安全工作的可靠保证。一般 $A > 5\%$ 、$Z > 10\%$ 可满足大多数零件的使用要求。

室温下对金属材料的强度和塑性指标的测定，一般通过低碳钢的拉伸试验完成。通过对拉伸试验的操作，可以测定低碳钢的弹性模量 E、屈服强度、抗拉强度 R_m、伸长率 A、断面收缩率 Z。通过观察拉伸过程中的各种现象，能更好地理解金属材料力学性能——强度、塑性的含义。

为了使试验结果具有可比性，通常选取低碳钢材料。按国家规定，拉伸试样有长试样（$L_0=10d_0$）和短试样（$L_0=5d_0$）两种。标准试样如图 2-3 所示。

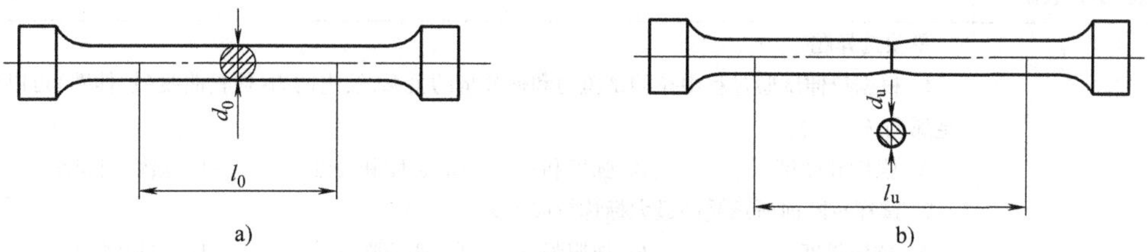

图 2-3　拉伸标准试件

低碳钢的拉伸试验过程中，可以监测到，随着拉伸试验的进行，试件在连续变载荷拉伸作用下经历了弹性变形、屈服、强化，以及局部变形四个阶段。其拉伸力-伸长曲线如图 2-4 所示。

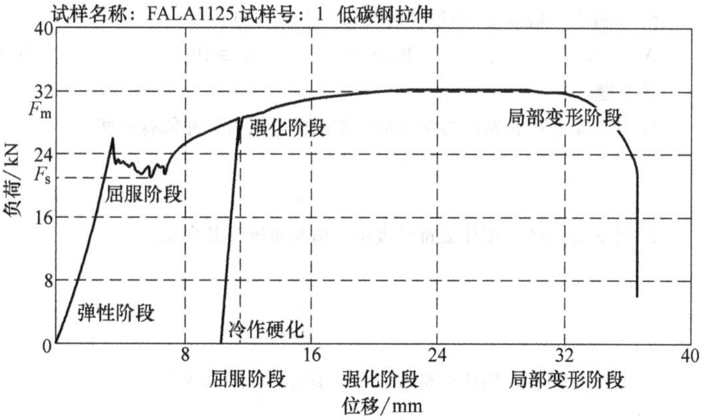

图 2-4　拉伸力-伸长曲线

知识巩固

金属的强度和塑性实践报告

实践名称	
实践目的	
实践用设备（或器材）	
实践步骤	

（续）

实践结果（附表-试验数据）	（试验数据填入附表1）
知识点巩固练习	单项选择题 1. 根据拉伸试验过程中拉伸试验力和伸长量的关系，绘出的力-伸长曲线（拉伸图）可以确定出金属的（　　）。 A. 强度和硬度　B. 强度和塑性　C. 强度和韧性　D. 塑性和韧性 2. 试样拉断前所承受的最大标称拉应力为（　　）。 A. 抗压强度　B. 屈服强度　C. 疲劳强度　D. 抗拉强度 3. 拉伸试验中，试样所受的力为（　　）。 A. 冲击　B. 多次冲击　C. 交变载荷　D. 静态力 4. 常用的塑性判断依据是（　　）。 A. 伸长率和断面收缩率　B. 塑性和韧性　C. 断面收缩率和塑性　D. 伸长率和塑性 5. 工程上所用的材料，一般要求其屈强比（　　）。 A. 越大越好　B. 越小越好　C. 大些，但不可过大　D. 小些，但不可过小 6. 工程上一般规定，弹塑性材料的 A 为（　　）。 A. ≥1%　B. ≥5%　C. ≥10%　D. ≥15% 简答题 1. 什么是金属材料的力学性能？常用的金属力学性能有哪些？ 2. 什么是强度？用什么符号表示？请简单解释其含义。 3. 什么是塑性？用什么符号表示？请简单解释其含义。

附表1　拉伸试验数据及结果

名称	原始标距	断后长度	原始直径	原横截面面积	断后直径	断后横截面面积	下屈服力	最大力	屈服强度	抗拉强度	断面收缩率	伸长率
符号	L_0	L_u	d_0	S_0	d_u	S_u	F_s	F_m		R_m	Z	A
单位	mm	mm	mm	mm^2	mm	mm^2	N	N	N/mm^2	N/mm^2	%	%
数据												

任务2　测量金属的力学性能——硬度

实施任务

1. 布氏硬度测量试验步骤

1）试样制备。ϕ15mm×20mm 的退火和正火钢试样，试样表面应平坦光滑，建议表面

粗糙度参数值 Ra 不大于 1.6μm。

2）选择试验条件。根据试样的材料、厚度和大小，选择压头直径 D 及试验力 F。

3）试样放置在载物台上，初步试验，使压痕直径满足 $0.24D < d < 0.6D$。

4）按照布氏硬度计操作步骤进行试验。

5）测量试样表面的压痕直径，从相互垂直的两个方向各测一次，取其平均值。

6）根据压痕直径，查表得试样的布氏硬度值。

2. 洛氏硬度测量试验步骤

1）判断标准试片用 HRB 或 HRC（依铸件试片而定，试片为 ϕ15mm × 20mm）。

2）如用 HRC，荷重为 150 kg，使用金刚石圆锥的压痕器；如用 HRB，荷重为 100kg，使用直径 1.588mm 钢球的压痕器。

3）洛氏硬度仪（见图 2-5）刻度归位（使 SET 或黑色 0 刻度对准 12 点钟方向）。

4）放置标准试片于底座上，找适当位置对准压痕器（两点间的距离不得小于 3mm）。

5）施加小荷重，使小指针对准红点中心（大指针约转三圈，此时刻度应在 $-5° \sim 5°$ 之间，然后做下一步归零动作，否则重做）。

6）归零（转动刻度盘使 SET 或黑色 0 刻度对准大指针）。

7）施加大荷重，待大指针停止约 10 ~ 15s。

8）移除大荷重。

9）读出硬度值（HRC 读黑色刻度，HRB 读红色刻度）。

10）移除小荷重。标准试片放回定位。

知识链接

2.2　硬度

硬度是指材料表面抵抗局部塑性变形的能力，是表征材料软硬程度的一种性能。它是金属材料的重要性能指标之一，是各种零件和工具必须具备的性能指标。一般硬度越高，耐磨性越好。硬度指标与试验方法有关。常用方法有布氏硬度、洛氏硬度和维氏硬度。

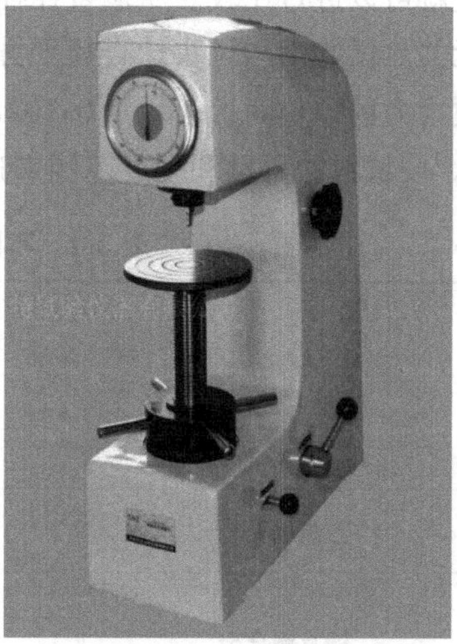

图 2-5　洛氏硬度仪

由于测定硬度的试验设备比较简单、操作方便、迅速、损伤很小（属无损检验），硬度值又可以间接地反映金属的强度及金属在化学成分、金相组织和热处理工艺上的差异，因此，硬度试验在产品的设计、制造及维修过程中应用十分广泛。

硬度试验是力学性能试验中最简单易行的一种试验方法。生产中常用的是静载压入硬度试验法。

1. 布氏硬度（HBW）

布氏硬度试验原理如图 2-6 所示。用直径为 D 的硬质合金球作为压头，以相应的试验力 F 压入试样表面，经规定的时间后，卸除试验力，得到一直径为 d 的压痕。用试验力除以压痕表面积，所得值即为布氏硬度值，用符号 HBW 作为表示。

当试验力 F 单位用 kgf 时

$$\mathrm{HBW}=F/S=F/(\pi Dh)=\frac{2F}{\pi D(D-\sqrt{D^2-d^2})}$$

当试验力 F 单位用 N 时

$$\mathrm{HBW}=0.102\times 2F/(\pi Dh)=0.102\times 2F/[\pi D(D-\sqrt{D^2-d^2})]$$

式中 F——试验力（kgf 或 N）；

S——压痕表面积（mm^2）；

D——压头直径（mm）；

h——压痕深度（mm）；

d——压痕平均直径（mm）。

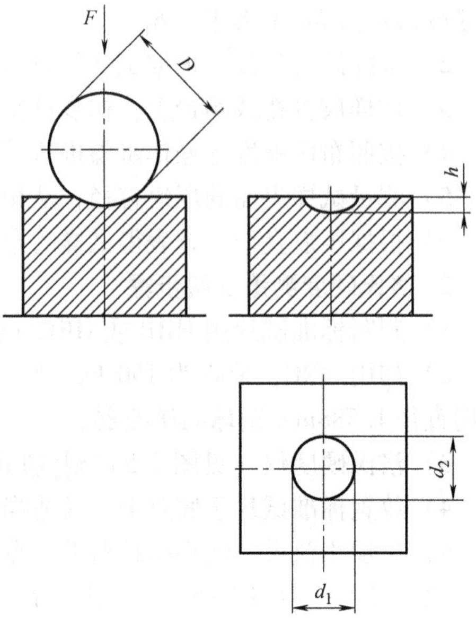

图 2-6　布氏硬度试验原理

试验时只要测出 d 值，通过计算或查布氏硬度数值表即可求得布氏硬度值。

实践证明：当采用不同大小的试验力和不同直径压头进行试验时，只要能满足 F/D^2 值为一常数，则同一硬度的材料所测得的布氏硬度值就会相同，不同硬度的材料所测得的硬度值就可以进行比较。压痕直径控制在（0.24～0.6）D 范围内，测得的硬度值与试验力大小无关。试验力与压头球直径平方之比，在采用公斤力为力的单位时，表示为 F/D^2；采用牛顿为力的单位时，表示为 $0.102F/D^2$。其值按规定分为七种：30、15、10、5、2.5、1.25 和 1。按材料的种类和硬度范围来选择，见表 2-1。

表 2-1　不同材料的试验力-压头球直径平方之比的选择

材料	布氏硬度范围/HBW	试验力-压头球直径平方的比值 $0.102F/D^2$
钢、镍合金、钛合金		30
铸铁①	<140	10
	≥140	30
铜及铜合金	<35	5
	35～200	10
	>200	30
轻金属及合金	<35	2.5
	35～80	5 10 15
	>80	10 15
铅、锡		1

① 对于铸铁的试验，压头球直径一般为 2.5mm、5mm 和 10mm。

按国家标准规定：压头球直径 D 有 10mm、5mm、2.5mm、1mm。根据试样的厚度和大小选择压头球直径 D 和试验力 F。较厚、较大的试样，选用 ϕ10mm 的压头和相应的试验力。较薄、较小的试样，选用较小的压头和相应的试验力，以满足布氏硬度试验关于“试样厚度应大于压痕深度 8 倍”的要求。

布氏硬度表示方法：硬度值一般不标单位，在符号 HBW 前写出硬度值，符号后用相应数字依次表示压头直径、试验力及其保持时间。例如 600HBW/1/30/20 表示用直径 1mm 硬质合金球作为压头，在 30kgf（294.2N）试验力作用下保持 20s（如在规定时间 10～15s 不标），所测得的布氏硬度值为 600HBW。一般在零件图或工艺文件上标材料厂要求的布氏硬度值时，不规定试验条件，只需标出要求的硬度值范围和硬度符号，如 300～350HBW。布氏硬度试验范围上限为 650HBW。

布氏硬度试验数据准确、稳定，但测试较麻烦；压痕大，不宜测试薄件或成品件；因球形压头易变形或损坏，不宜测试硬度高的材料。布氏硬度试验主要用于测定铸铁、有色金属及经退火、正火和调质处理的钢材等的硬度。

2. 洛氏硬度（HR）

洛氏硬度试验原理如图 2-7 所示。采用顶角为 120°的金刚石圆锥或直径为 1.588mm 的淬火钢球作为压头，在初始试验力及主试验力先后作用下，压入试样表面，经过保持规定的时间后，卸除试验力，测量残余压痕深度增量，用以计算硬度。可由洛氏硬度计表盘上直接读数，用符号 HR 表示。

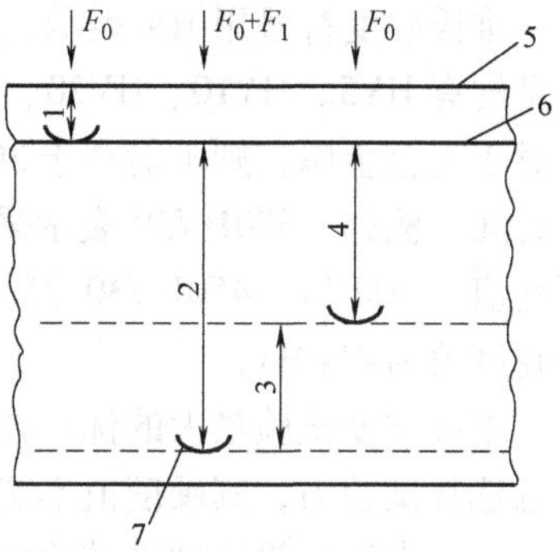

图 2-7　洛氏硬度试验原理
1—在初始试验力 F_0 下的压入深度
2—在总试验力 F_0+F_1 下的压入深度
3—去除主试验力 F_1 后的弹性回复深度
4—残余压入深度 h　5—试样表面
6—测量基准面　7—压头位置

为测试不同硬度范围的材料，洛氏硬度可采用不同的压头和试验力，具有不同的标尺。国标规定，洛氏硬度常用的标尺有 HRA、HRB 和 HRC 三种，其中 HRC 应用最广。还有表面洛氏硬度 HR15N 和 HR30N。

试验时可按表 2-2 选择所用压头和载荷数值以及有效测量范围。

表 2-2　常用洛氏硬度试验规范

硬度符号	压头类型	总载荷/kgf(或 N)	硬度值有效范围	应用
HRA	顶角 120°金刚石圆锥体	60(588.4)	60～88	硬质合金、表面淬火、渗碳钢等硬度高的材料,也可测硬的薄板材料,以及薄表面层的硬度
HRB	ϕ1.588mm 钢球	100(980.7)	20～100	有色金属,退火、正火钢等相对较软的材料
HRC	顶角 120°金刚石圆锥体	150(1471.1)	20～70	淬火钢、调质钢等较硬的材料

三种标尺的初始压力均为 98.07N（10kgf）。

洛氏硬度测量简便、迅速、压痕小，可测试成品表面及较硬、较薄的工件。因压痕小，对组织和硬度不均的材料，准确性不如布氏硬度。

3. 维氏硬度（HV）

维氏硬度试验和布氏硬度试验相似，也是根据压痕单位面积上的试验力来计量硬度值。不同的是，压头采用相对面夹角为136°的正四棱锥体金刚石。试验时，将压头以选定的试验力压入试样表面，保持一定时间后卸除试验力，测量压痕对角线的平均长度，查表得到硬度值。

试验力除以压痕表面积的商就是维氏硬度值。

维氏硬度值计算公式：

$$HV = 常数 \times 试验力/压痕表面积 \approx 0.1891F/d^2$$

式中 HV——维氏硬度符号；

F——试验力（N）；

d——压痕两对角线 d_1、d_2 的算术平均值（mm）。

实用中是根据对角线长度 d 通过查表得到维氏硬度值的。国家标准规定维氏硬度压痕对角线长度范围为0.020～1.400mm。

维氏硬度符号用HV表示。维氏硬度符号HV前面的数值为硬度值，后面为试验力值。常见的有HV5、HV10、HV20、HV30、HV50和HV100，标准的试验力保持时间为10～15s。但对于有色金属，则不能小于30s，如果选用的时间超出这一范围，在力值后面还要注上保持时间。例如，300HV30表示采用294.2N（30kgf）的试验力，保持时间10～15s时得到的硬度值为300HV。450HV30/25表示采用294.2N（30kgf）的试验力，保持时间25s时得到的硬度值为450HV。

维氏硬度试验最大的优点在于其硬度值与试验力的大小无关，只要材料硬度均匀，可以任意选择试验力，其硬度值不变。这就相当于在一个很宽广的硬度范围内具有一个统一的标尺。这一点又比洛氏硬度试验优越。在中、低硬度值范围内，在同一均匀材料上，维氏硬度试验和布氏硬度试验结果会得到近似的硬度值。维氏硬度计试验的试验力可以很小，压痕非常小，特别适合测试薄小材料。

维氏硬度压痕浅、轮廓清晰、数值准确、试验力范围选择大（49.03～980.7N），所以可以测量从很软到很硬的材料的硬度，其硬度值能直接进行比较。常用来测试薄片材料、金属镀层及零件表面硬化层的硬度。但维氏硬度测试较麻烦，不宜用于成批生产的常规检验。

各种硬度试验方法测得的硬度值不能进行直接比较，必须通过硬度换算表换算成同一种硬度值后，方能比较硬度高低。

知识巩固

硬度测试　　　　实践报告

实践名称	
实践目的	
实践用设备（或器材）	
实践步骤	
实践结果（附表-试验数据）	（试验数据填入附表2、附表3）

（续）

知识点巩固练习	单项选择题 1. 适于测试硬质合金、表面淬火钢及薄片金属的硬度的测试方法是(　　)。 A. 布氏硬度　B. 洛氏硬度　C. 维氏硬度　D. 以上方法都可以 2. 不宜用于测试成品与表面薄层硬度的方法是(　　)。 A. 布氏硬度　B. 洛氏硬度　C. 维氏硬度　D. 以上方法都不宜 3. 用金刚石圆锥体作为压头可以用来测试(　　)。 A. 布氏硬度　B. 洛氏硬度　C. 维氏硬度　D. 以上都可以 4. 在有关零件的图样上，出现以下几种硬度技术条件的标注方法，正确的有(　　)。 A. HBW = 200 ~ 250kgf/mm^2　B. HRC40　C. 750HBW　D. 40HRC 简答题 1. 什么是硬度？请简单解释其含义。 2. 硬度的测试方法有哪几种？其如何表示？ 3. 布氏硬度的适用场合有哪些？ 4. 洛氏硬度的适用场合有哪些？

附表 2　布氏硬度试验结果

试验材料（钢号、尺寸、状态）	试验规范			试验结果				
	压头直径/mm	F/D^2	负荷 F/kgf	负荷保持时间/s	直径 d/mm			硬度值
					d_1	d_2	d（平均）	

附表 3　洛氏硬度试验结果

试验材料（钢号、尺寸、状态）	洛氏硬度标尺	试验规范		试验结果			
		压头	总负荷/kgf	第一次	第二次	第三次	平均硬度值

任务3 测量金属的力学性能——冲击韧度

实施任务

1）将冲击试样放在试验机（图2-8）的载物台上，试样如图2-10所示。

2）将摆锤扬起至预扬角位置并锁住，把从动指针拨到最大冲击能量位置。

3）将标尺对零。

4）释放摆锤使之下落至最低点，打断试样，并任其向前继续摆动，直至达到最高点并向下摆动至最低点时，使用制动闸将摆锤刹住，使其停在稳定位置。

5）在标尺上读出摆锤冲击破坏所消耗的功 A_K（J）。

6）测量出试样断口截面面积 S_N（cm^2）。

7）计算出冲击韧度 a_K。

知识链接

2.3 冲击韧度

1. 冲击韧度的概念

工程中，有许多机件是在快速加载，即冲击载荷及低温条件下工作的，如汽车在凸凹不平的道路上行驶，飞机的起飞和降落，材料的压力加工等，其性能将与常温、静载下不同。选用这类零件的材料时，用静载荷作用下的力学性能指标（强度、塑性、硬度）来衡量是不安全的，必须考虑材料的冲击吸收能量或冲击韧度。冲击吸收能量是规定形状和尺寸的试样在冲击试验力一次作用下折断时吸收的功。冲击韧度是冲击试样缺口处单位横截面面积上的冲击吸收能量。目前常用一次摆锤冲击试验、小能量多次冲击试验来测定金属材料的冲击吸收能量或冲击韧度，分别用 A_K 或 a_K 表示。

冲击试验是一种动态力学试验。夏比冲击试验是法国工程师夏比（Charpy）建立起来的，虽然试验中测定的冲击吸收能量 A_K 值缺乏明确的物理意义，不能作为表征金属制件实际抵抗冲击载荷能力的韧性判据，但因其试样加工简便，试验时间短，试验数据对材料组织结构、冶金缺陷等敏感而成为评价金属材料冲击韧度应用最广泛的一种传统力学性能试验。它是将具有一定形状和尺寸的带有U型或V型缺口的试样，在冲击载荷作用下折断，以测定其冲击吸收能量 A_K 和冲击韧度 a_K 的一种试验方法。

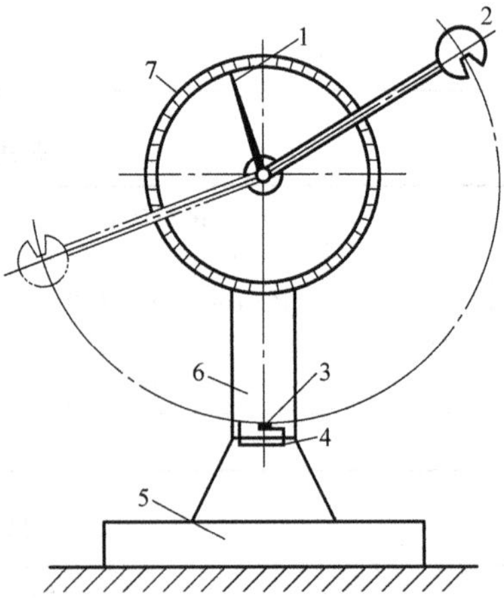

图2-8 夏比式冲击试验机结构
1—指针 2—摆锤 3—试样 4—支座
5—底座 6—机身 7—度盘

夏比冲击试验通常在摆锤式冲击试验机上进行，如图2-8所示。其原理如图2-9所示，利用能量守恒原理，即冲击试样消耗的能量是摆锤试验前后的势能差。试验时，将试样放在试验机支座上，使之处于简支梁状态。首先将摆锤举至高度为 H 的 A 位置，其预扬角为 α，释放摆锤冲断试样后，摆锤扬到 C 位置，其预扬角为 β，即用规定高度的摆锤对处于简支梁状态的缺口试样进行一次性打击，测量试样折断时的冲击吸收能量。

冲击试样使用夏比 U 型缺口和 V 型缺口两种试样，如图 2-10 所示，其冲击吸收能量分别用 A_{KU} 和 A_{KV} 表示，冲击韧度分别用 a_{KU} 和 a_{KV} 表示。

$$a_{KU}=\frac{A_{KU}}{S_0}$$

式中　A_{KU}——U 型缺口试样的冲击吸收能量（J）；

S_0——试样缺口处断面面积（cm^2）。

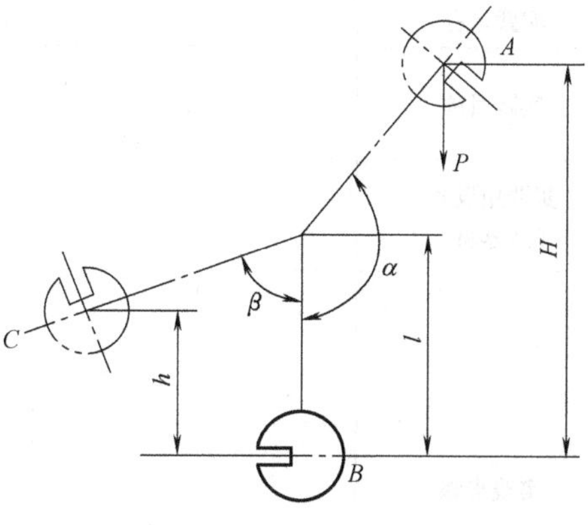

图 2-9　夏比冲击试验原理

2. 冲击韧度的应用

冲击韧度 a_{KU} 是反映材料抵抗冲击载荷的综合性能指标，它随着试样的绝对尺寸、缺口形状、试验温度等的变化而不同。金属材料的冲击韧度越大，材料抵抗冲击载荷的能力越强。a_K 值与试验温度有关。有些材料在常温时冲击韧度并不低，破坏时呈现韧性破坏特征。但当试验温度低于某值时，a_K 突然大幅度下降，材料无明显塑性变形而发生脆性断裂，这种性质称为钢材的冷脆性。

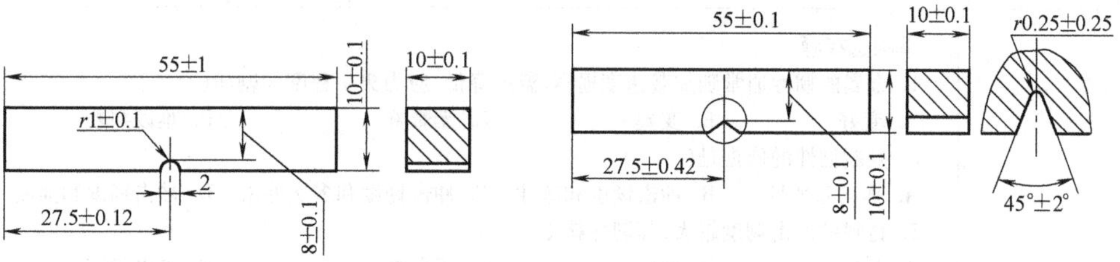

图 2-10　冲击试样（U 型缺口和 V 型缺口）

工程上希望确定一个材料的冷脆转化温度，在此温度以上只要名义应力还处于弹性范围，材料就不会发生脆性破坏。在冷脆转化温度的确定标准一旦建立之后，实际上是按照冷脆转化温度的高低来选择材料。例如，有两种材料 A 和 B，在室温以上 A 的冲击韧度高于 B，但当温度降低时，A 的冲击韧度就急剧下降了，如按冷脆转化温度来选择材料时应选材料 B，如图 2-11 所示。

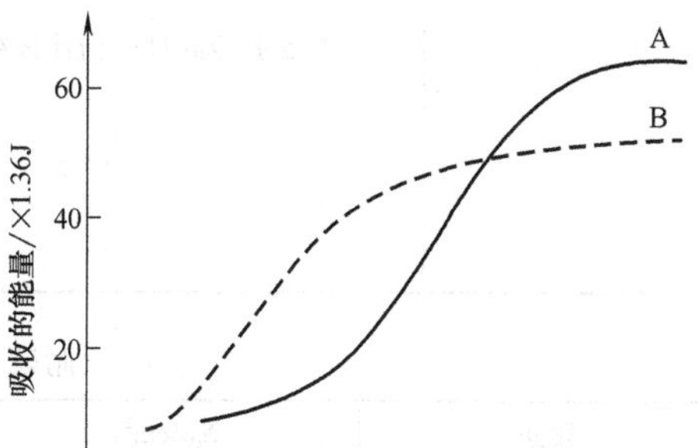

图 2-11　按冷脆转化温度选材

冲击韧度是一个对材料组织结构相当敏感的量，所以提高材料的冲击韧度的途径主要有改变材料的成分，如加入钒、钛、铝、氮等元素；通过细化晶粒来提高其韧性，尤其是低温韧性；提高材料的冶金质量，减少偏析、夹渣等。

知识巩固

冲击韧度测试　实践报告

实践名称	
实践目的	
实践用设备（或器材）	
实践步骤	
实践结果（附表-试验数据）	（试验数据填入附表 4）
知识点巩固练习	单项选择题 1. 金属的韧性通常随加载速度提高、温度降低、应力集中程度加剧而(　　)。 A. 变好　B. 变差　C. 无影响　D. 难以判断 2. 判断韧性的依据是(　　)。 A. 强度和塑性　B. 冲击韧度和塑性　C. 冲击韧度和多次冲击　D. 冲击韧度和强度 3. 材料的冲击韧度越大，其韧性就(　　)。 A. 越好　B. 越差　C. 无影响　D. 难以确定 简答题 1. 什么是金属材料的冲击韧度？用什么符号表示？ 2. 什么是冷脆性？为什么在研究金属的冲击韧度时要研究其冷脆性？

附表 4　试验数据结果

数据	S_0/cm^2	A_{KU}/J	计算 $a_{KU}/(J/cm^2)$
试样 1			
试样 2			
试样 3			
平均			

任务4 测量金属的力学性能——疲劳强度

实施任务

1）制备试样如图2-12所示，推荐直径d为6mm、7.5mm和9.5mm。

2）将试样安装于疲劳试验机的套筒上，如图2-13所示，拧紧联接螺杆，使其与试样成为一个整体。

3）联接挠性联轴器。

4）根据确定的应力水平σ，确定加砝码的重量F。

5）开机前托起砝码，在运转平稳后，迅速无冲击地加上砝码，并将计数器调零。

6）试样断裂后，记录数据。

7）取下试样，绘制S-N曲线及断口特征，测得金属材料的疲劳强度σ_{-1}。

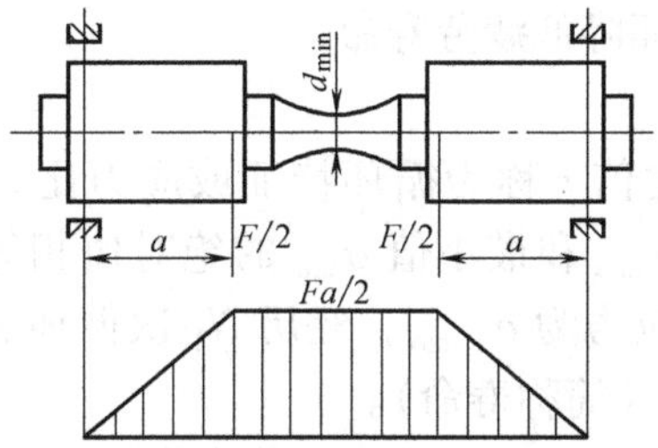

图2-12 试样及受力简图和弯矩图

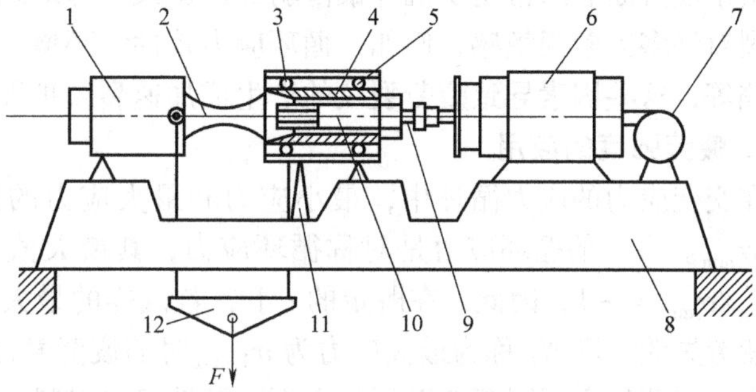

图2-13 疲劳机试验原理

1—套筒 2—试样 3、5—滚动轴承 4—心轴 6—高速电动机 7—计数器 8—机架 9—挠性联轴器 10—螺杆 11—停止开关 12—加力架

知识链接

2.4 疲劳强度

1. 疲劳强度的概念

许多机械零件，如轴、齿轮、轴承、叶片、弹簧等，在工作过程中，各点的应力随时间做周期性的变化，这种随时间做周期性变化的应力称为交变应力（也称循环应力）。在交变应力的作用下，虽然零件所承受的应力低于材料的屈服强度，但经过较长时间的工作后会产生裂纹或突然发生完全断裂的现象，这种现象称为金属的疲劳。疲劳强度是指金属材料在无限多次交变载荷作用下而不破坏的最大应力值。

实际上，金属材料并不可能做无限多次交变载荷试验。一般试验时规定，钢在经受10^7次、有色金属材料经受10^8次交变载荷作用，不产生断裂时的最大应力称为疲劳强度。当施加的交变应力是对称循环应力时，所得的疲劳强度用 σ_{-1}表示，单位为 N/mm^2。

通常用旋转弯曲疲劳试验来测定对称循环的疲劳强度 σ_{-1}。其中单点法需 8 ~ 10 根试样，成组法至少需 20 根试样。试样的试验部分应是圆形截面。图 2-12 所示为旋转弯曲疲劳试验机的原理示意图。试样的两端装入左右两个心轴后，旋紧左右两根螺杆。使试样与两个心轴组成一个承受弯曲的“整体梁”，它支承于两端的滚动轴承上。载荷 F 通过加力架作用于“梁”上，试样及其受力简图和弯矩图如图 2-13 所示。梁的中段（试样）为纯弯曲。梁由高速电动机带动，在套筒中高速旋转，于是试样横截面上任一点的弯曲正应力，皆为对称循环交变应力。试样每旋转一周，应力就完成一个循环。试样断裂后，套筒压迫停止开关，使试验机自动停机。这时的循环次数可由计数器中读出。

疲劳破坏是机械零件失效的主要原因之一。据统计，在机械零件失效中大约有 80% 以上属于疲劳破坏，而且疲劳破坏前没有明显的变形，所以疲劳破坏经常造成重大事故，所以，对于轴、齿轮、轴承、叶片、弹簧等承受交变载荷的零件，要选择疲劳强度较好的材料来制造。

由于疲劳断裂通常是从机件最薄弱的部位或外部缺陷所造成的应力集中处发生，因此疲劳断裂对许多因素很敏感，例如，循环应力特性、环境介质、温度、机件表面状态、内部组织缺陷等，这些因素导致疲劳裂纹的产生或加速裂纹扩展而降低疲劳寿命。

2. 疲劳强度的应用

在交变应力的应力循环中，最小应力和最大应力的比值 r 称为循环特征或应力比 $r = \sigma_{max}/\sigma_{min}$。常见的循环应力是对称循环应力，其最大值 σ_{max}和最小值 σ_{min}的绝对值相等，即 $\sigma_{max}/\sigma_{min} = -1$，因此，在既定的 r 下，若试样的最大应力为 $\sigma_{1\ max}$，经历 N_1 次循环后，发生疲劳失效，则 N_1 称为最大应力为 $\sigma_{1\ max}$时的疲劳寿命（简称寿命）。

影响疲劳的主要因素有以下几方面：塑性好的材料，易产生塑性变形，使应力得到重新分布，因此抵抗疲劳性能较好；加载频率低和保持时间增加会降低寿命；随着晶粒变细，材料的疲劳寿命也会增加。

为了提高机件的疲劳抗力，提高其寿命，防止疲劳断裂事故的发生，在进行机械零件设计和加工时，应选择合理的结构形状，防止表面损伤，避免应力集中。由于金属表面是疲劳裂纹易于产生的地方，而实际零件大部分都承受交变弯曲或交变扭转载荷，表面处应力最大。因此，表面强化处理就成为提高疲劳极限的有效途径。由于工程实际的要求，对疲劳的研究工作已逐渐从正常条件下的疲劳问题扩展到特殊条件下的疲劳问题，如腐蚀疲劳、接触疲劳、高温疲劳、热疲劳、微动磨损疲劳等。对这些疲劳及其测试技术还在广泛进行研究，并已逐步标准化。

知识拓展

金属材料的工艺性能

金属材料的工艺性能是指金属材料用各种加工方法获得优质零件的能力。

1. 铸造性能（可铸性）

金属材料用铸造加工获得优良铸件的能力称为铸造性能。铸造性能主要包括流动性、收缩性和偏析。

（1）流动性　液态金属充满铸型的能力。主要受金属化学成分和浇注温度等的影响。

（2）收缩性　铸件在凝固和冷却过程中，其体积和尺寸减小的现象称为收缩性。

（3）偏析　金属在冷却凝固过程中，因结晶先后差异而造成金属内部化学成分和组织不均匀的现象称为偏析。

2. 锻造性能

锻造性能指金属材料在压力加工时，能改变形状而不产生裂纹的性能。包括在热态或冷态下能够进行锤锻、轧制、拉深、挤压等加工。塑性好，变形抗力小，金属的锻造性能就越好。可锻性的好坏主要与金属材料的化学成分有关。

3. 焊接性能

金属材料对焊接加工的适应性，包括结合性能和使用性能。主要是指在一定的焊接工艺条件下，获得优质焊接接头的难易程度。它包括两个方面的内容：一是结合性能，即在一定的焊接工艺条件下，一定的金属形成焊接缺陷的敏感性；二是使用性能，即在一定的焊接工艺条件下，一定的金属焊接接头对使用要求的适用性。低碳钢具有良好的焊接性能。高碳钢、不锈钢和铸铁的焊接性能较差。

4. 切削加工性能

金属材料被刀具切削加工后而成为合格工件的难易程度称为切削加工性能。切削加工性好坏常用加工后工件的表面粗糙度、允许的切削速度，以及刀具的磨损程度来衡量。它与金属材料的化学成分、力学性能、导热性及加工硬化程度等诸多因素有关。通常是用硬度和韧性作为切削加工性好坏的大致判断。一般金属材料的硬度越高，越难切削，硬度虽不高，但韧性大，切削也较困难。一般材料硬度在 160～230HBW 范围时，切削加工性能好。铸铁的切削性能好，碳钢比高合金钢切削加工性能好。

5. 热处理工艺性能

热处理工艺性包括淬硬性、淬透性、变形开裂倾向、过热敏感性、回火脆性、氧化脱碳倾向、冷脆性。

机械制造中，钢制零件一般都经过锻造或铸造，切削加工和热处理等几种加工方法，因此在选材时应对材料的工艺性加以注意。在小批量的生产条件下，工艺性能的好坏并不显得突出，对某些重要产品件，如火箭、卫星、军舰中的零件，首先考虑的是材料的使用性能，可靠性，工艺加工性能处在从属地位；对于成批大量生产，工艺性能的好坏成为决定的因素。例如，某工厂原试制零件用 24SiMnWV 钢，虽然力学性能较 18CrMnTi 优，但因正火后硬度较高，切削加工性较差，不能适应大量生产的要求，故未被采用，而采用 18CrMnTi；普通螺钉、螺母的需要量大，而力学性能的要求不太高，为了提高螺钉、螺母的生产率，一定要选用切削加工性优良的钢材，所以常用易切削钢制造；汽车发动机箱体，其力学性能不高，大多数材料都能满足，但由于其结构复杂，制造方法的选择成了保证质量的主要问题，因此通常用铸造的方法制造箱体，工艺简单又经济。在设计零件时也要考虑热处理的工艺性，如结构形状复杂的零件，应选用淬透性较好的钢。其要求淬火冷却速度较慢的、以油为介质淬火的钢，因为它的变形较小。一般情况下，碳钢的锻造、切削加工性等工艺性能较好，其力学性能可满足一般零件工作条件的要求，因此碳钢的用途较广。但它的强度还不够高，淬透性较差。所以制造大截面，形状复杂和高强度的淬火零件常用合金钢。因为合金钢淬透性好，强度高。所谓合金钢，就是在碳钢的基础上为了达到某些特定的性能要求，在冶炼时有意加入一些元素的钢，如 20 钢为碳钢，20CrNiMo 是合金结构钢，其力学性能比 20 钢高得多。

知识巩固

疲劳强度测试 实践报告

实践名称	
实践目的	
实践用设备（或器材）	
实践步骤	
实践结果	绘出破坏断口，指出其特征。 注：当载荷过高致使试样弯曲变形过大，造成中途停机；断口有明显夹渣致使寿命偏低时，试验结果无效。
知识点巩固练习	单项选择题 1. 金属疲劳的判断依据是(　　)。 A. 强度　B. 塑性　C. 抗拉强度　D. 疲劳强度 2. 金属受(　　)的情况要考虑疲劳强度。 A. 拉应力　B. 冲击力　C. 循环应力　D. 静力 简答题 1. 研究金属疲劳强度有什么意义？ 2. 什么是金属的疲劳？ 3. 什么是金属的疲劳强度？用什么符号表示？ 4. 下图为疲劳试样断口示意图，请补充完整。 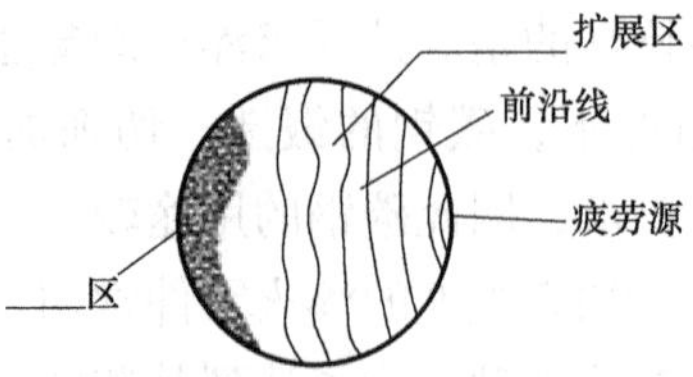

课题 3

常用机械工程材料

能力目标

1. 掌握常用的非合金钢（碳钢）与合金钢的分类、牌号、性能特点及应用范围。
2. 了解铸铁、有色金属、非金属材料的分类、牌号、性能特点及应用范围。

任务　机械工程材料的归纳

观察身边实际生活中所用物品的制作材料，收集不同种类的材料名称，归纳常用的机械工程材料分类。

实施任务

20 世纪初，机械工业的主要材料一般是钢铁；20 世纪 30 年代以后，铝合金的应用增多；第二次世界大战后，球墨铸铁、合金铸铁、耐热钢、镍合金、钛合金、硬质合金的用量不断增加；20 世纪 60 年代以来，工程塑料、复合材料和宝石、玻璃、陶瓷等非金属材料的应用逐渐增加。从材料的使用和发展来看，材料的种类越来越多，性能也千变万化。通过下图了解机械工程材料的分类，并将实际生活中所用物品的制作材料归纳到各个分类中。

- 机械工程材料
  - 金属材料
    - 黑色金属
      - 钢
        - 非合金刚（碳钢）
        - 合金钢
      - 铸铁
    - 有色金属
  - 非金属材料

知识链接

3.1　非合金钢（碳钢）

非合金钢是指以铁为主要元素，碳的质量分数一般在 2.11% 以下，并含有少量其他元素的钢铁材料。

3.1.1 非合金钢的分类

非合金钢具有价格低、工艺性能好、力学性能一般能满足使用要求的优点，是工业生产中用量较大的钢铁材料。非合金钢的分类方法有多种，常用的分类方法有以下几种。

1. 按非合金钢碳的质量分数分类

非合金钢按碳的质量分数分类，可分为低碳钢、中碳钢和高碳钢。

（1）低碳钢　低碳钢是指碳的质量分数 $w_C < 0.25\%$ 的铁碳合金，如 08 钢、10 钢、15 钢、20 钢和 25 钢等。

（2）中碳钢　中碳钢是指碳的质量分数 $w_C = 0.25\% \sim 0.60\%$ 的铁碳合金，如 30 钢、35 钢、40 钢、45 钢、50 钢、55 钢、60 钢等。

（3）高碳钢　高碳钢是指碳的质量分数 $w_C > 0.60\%$ 的铁碳合金，如 65 钢、70 钢、75 钢、80 钢、85 钢、T7 钢、T8 钢、T10 钢、T12 钢等。

2. 按非合金钢主要质量等级分类

非合金钢按主要质量等级分为普通质量非合金钢、优质非合金钢和特殊质量非合金钢。

（1）普通质量非合金钢　普通质量非合金钢是指对生产过程中控制质量无特殊规定的一般用途的非合金钢。应用时满足下列条件：钢为非合金化的；不规定热处理；如产品标准或技术条件中有规定，其特性值（最高值和最低值）应达到规定值；未规定其他质量要求。

普通质量非合金钢主要包括：一般用途碳素结构钢，如 GB/T 700—2006 中的 A、B 级钢；碳素钢筋钢；铁道用一般碳素钢，如轻轨和垫板用碳素钢；一般钢板用型钢。

（2）优质非合金钢　优质非合金钢是指除普通质量非合金钢和特殊质量非合金钢以外的非合金钢，在生产过程中需要特别控制质量（如控制晶粒度，降低硫、磷含量，改善表面质量或增加工艺控制等），以达到比普通质量非合金钢特殊的质量要求（如良好的抗脆断性能，良好的冷成形性等），但这种钢生产控制不如特殊质量非合金钢严格。优质非合金钢主要包括：机械结构用优质碳素钢，如 GB/T 699—1999 规定的优质碳素结构钢中的低碳钢和中碳钢；工程结构用碳素钢，如 GB/T 700—2006 规定的 C、D 级钢；冲压薄板的低碳结构钢；镀层板、带用碳素钢；锅炉和压力容器用碳素钢；造船用碳素钢；铁道用优质碳素钢，如重轨用碳素钢；焊条用碳素钢；冷锻、冲压等冷加工用非合金钢；非合金易切削结构钢；电工用非合金钢板、带；优质铸造碳素钢。

（3）特殊质量非合金钢　特殊质量非合金钢是指在生产过程中需要特别严格控制质量和性能（例如，控制淬透性和纯洁度）的非合金钢。此类钢应符合下列条件，钢材要经热处理并至少具有下列一种特殊要求的非合金钢（包括易切削钢和工具钢）：要求淬火和回火状态下的冲击性能；有效淬硬深度或表面硬度；限制表面缺陷；限制钢中非金属夹杂物含量和（或）要求内部材质均匀性；限制磷和硫的含量［成品 $w_P \leqslant 0.025\%$，$w_S \leqslant 0.025\%$］；限制残余元素 Cu、Co、V 的最高含量等方面的要求。

特殊质量非合金钢主要包括：保证淬透性非合金钢；保证厚度方向性能非合金钢；铁道用特殊非合金钢，如车轴坯、车轮、轮箍钢；航空、兵器等专业用非合金结构钢；核能用的非合金钢；特殊焊条用非合金钢；碳素弹簧钢；特殊盘条钢及钢丝；特殊易切削钢；碳素工具钢和中空钢；电磁纯铁；原料纯铁。

3. 按非合金钢的用途分类

（1）碳素结构钢　碳素结构钢主要用于制造各种机械零件和工程结构件，其碳的质量分数一般都小于0.70%。此类钢常用于制造齿轮、轴、螺母、弹簧等机械零件，也用于制造桥梁、船舶、建筑等工程结构件。

（2）碳素工具钢　碳素工具钢主要用于制造工具，如制作刃具、模具、量具等，其碳的质量分数一般都大于0.7%。

此外，钢材还可以从其他角度进行分类，如按专业（如锅炉用钢、桥梁用钢、矿用钢等）、按冶炼方法进行分类等。

3.1.2 非合金钢的牌号及应用

世界各国都根据国情制定科学、简明的钢铁分类表示方法，通常都采用“牌号”来表示具体的钢铁材料，而且通过牌号（或钢号）一般能大致了解钢铁的类别、化学成分、冶金质量、性能特点、热处理工艺方法和用途等信息。

1. 普通质量非合金钢的牌号及应用

普通质量非合金钢中使用最多的是碳素结构钢。碳素结构钢的牌号是由屈服强度字母、屈服强度数值、质量等级符号、脱氧方法四部分按顺序组成的。质量等级分A、B、C、D四级，从左至右质量依次提高。屈服强度的字母以“屈”字汉语拼音字首“Q”表示；脱氧方法用F、b、Z、TZ分别表示沸腾钢、半镇静钢、镇静钢、特殊镇静钢。在牌号中“Z”可以省略。例如，Q235AF表示屈服强度大于235MPa（板材厚度小于16mm时），质量为A级的沸腾碳素结构钢。碳素结构钢的牌号、质量等级、化学成分和力学性能见表3-1。

表3-1　碳素结构钢的牌号、质量等级、化学成分和力学性能

牌号	质量等级	化学成分	力学性能(不小于)			脱氧方法
		w_C(%)	R_{eH}/MPa	R_m/MPa	A(%)	
Q195		0.06～0.12	(195)	315～390	33	F、b、Z
Q215A	A	0.09～0.15	215	335～410	31	F、b、Z
Q215B	B	0.09～0.15	215	335～410	31	F、b、Z
Q235A	A	0.14～0.22	235	375～460	26	F、b、Z
Q235B	B	0.12～0.20	235	375～460	26	F、b、Z
Q235C	C	≤0.18	235	375～460	26	Z
Q235D	D	≤0.17	235	375～460	26	TZ
Q255A	A	0.18～0.28	255	410～510	24	Z
Q255B	B	0.18～0.28	255	410～510	24	Z
Q275		0.28～0.38	275	490～610	20	Z

注：R_{eH}在材料厚度或直径≤16mm条件下测得，A在材料厚度或直径≤40mm条件下测得。

Q195系列和Q215系列常用于制作薄板、焊接钢管、钢丝、铁钉、铆钉、垫圈、地脚螺栓、冲压件、屋面板和烟囱等；Q235系列常用于制作薄板、中板、型钢、钢筋、钢管、铆钉、螺栓、连杆、小轴、法兰盘、机壳、桥梁与建筑结构件、焊接结构件等；Q255系列和Q275系列常用于制作要求高强度的拉杆、连杆、键、轴和销钉等。

2. 优质非合金钢的牌号及应用

优质非合金钢中使用最多的是优质碳素结构钢。优质碳素结构钢的牌号用两位数字表示，两位数字表示该类钢的平均碳的质量分数的万分之几（以0.01%为单位），如45钢表示平均碳的质量分数为0.45%的优质碳素结构钢；08表示平均碳的质量分数为0.08%的优质碳素结构钢。如果为沸腾钢与半镇静钢，则在数字后分别加“F”与“b”表示，如08F与08b等。优质碳素结构钢的牌号、化学成分、力学性能和应用举例见表3-2。

表3-2 优质碳素结构钢的牌号、化学成分、力学性能和应用举例

牌号	化学成分 w_C(%)	力学性能 R_m/MPa	R_{eH}/MPa	A(%)	Z(%)	A_{KU}	应用举例
		不小于					
08	0.05~0.12	325	195	33	60	—	塑性好，适合制作高韧性的冲击件、焊接件、紧固件，如螺栓、螺母、垫圈等，渗碳淬火后可制作强度不高的耐磨件，如凸轮、滑块、活塞销等
10	0.07~0.14	335	205	31	55	—	
15	0.12~0.19	375	225	27	55	—	
20	0.17~0.24	410	245	25	55	—	
25	0.22~0.30	450	275	23	50	71	
30	0.27~0.35	490	295	21	50	63	综合力学性能较好，适合制作承受负荷较大的零件，如连杆、曲轴、主轴、活塞杆、表面淬火齿轮、凸轮等
35	0.32~0.40	530	315	20	45	55	
40	0.37~0.45	570	335	19	45	47	
45	0.42~0.50	600	355	16	40	39	
50	0.47~0.55	630	375	14	40	31	
55	0.52~0.60	645	380	13	35	—	
60	0.57~0.65	675	400	12	35	—	屈服强度高，硬度高，适合制作弹性零件（如各种螺旋弹簧、板簧等）以及耐磨零件（轧辊、钢丝绳、偏心轮等）
65	0.62~0.70	695	410	10	30	—	
70	0.67~0.75	715	420	9	30	—	
80	0.77~0.85	1080	930	6	30	—	
85	0.82~0.90	1130	980	6	30	—	

（1）冲压钢　冲压钢碳的质量分数低，塑性好，强度低，焊接性能好，主要用于制作薄板，冲压零件和焊接件，常用的牌号有08钢、10钢和15钢。

（2）渗碳钢　渗碳钢强度较低，塑性和韧性较高，冲压性能和焊接性能好，可以制造各种受力不大但要求高韧性的零件，如焊接容器与焊接件、螺钉、杆件、轴套、冲压件等。这类钢经渗碳淬火后，表面硬度可达60HRC以上，表面耐磨性较好，而心部具有一定的强度和良好的韧性，可用于制造要求表面硬度高、耐磨，并承受冲击载荷的零件。常用的牌号有15钢、20钢和25钢等。

（3）调质钢　调质钢经过热处理后具有良好的综合力学性能。主要用于制作要求强度、塑性、韧性都较高的零件，如齿轮、套筒、轴类等零件。这类钢在机械制造中应用广泛，特别是40钢、45钢在机械零件中应用更广泛。常用的钢种有30钢、35钢、40钢、45钢和50钢等。

（4）弹簧钢　弹簧钢经热处理后可获得较高的弹性极限，主要用于制造尺寸较小的弹簧、弹性零件及耐磨零件，如机车车辆及汽车上的螺旋弹簧、板弹簧、气门弹簧和弹簧发条等。常用的牌号有 60 钢、65 钢、70 钢、75 钢、80 钢和 85 钢等。

3. 其他专用优质非合金钢的牌号及应用

在优质碳素结构钢基础上还发展了一些专门用途的钢，如易切削结构钢、锅炉用钢、焊接用钢丝、矿用钢、钢轨钢、桥梁钢等，这些专用钢在钢号的首部或尾部用专用符号标明其用途，常见的表示专用钢材用途的符号见表 3-3。例如，25MnK 即表示在 25Mn 钢的基础上发展起来的矿用钢，钢中平均碳的质量分数为 0.25%，锰的质量分数较高。

表 3-3 常用优质非合金钢牌号中表示用途的符号

名称	汉字	符号	在钢号中的位置	名称	汉字	符号	在钢号中的位置
易切削钢	易	Y	头	矿用钢	矿	K	尾
钢轨钢	轨	U	头	桥梁用钢	桥	q	尾
焊接用钢	焊	H	头	锅炉用钢	锅	g	尾
塑料模具钢	塑模	SM	头	铆螺钢	铆螺	ML	头
地质钻探钢管用钢	地质	DZ	头	锚链钢	锚	M	头
车辆车轴用钢	辆轴	LZ	头	多层压力容器用钢	容层	RC	尾
滚珠轴承钢	滚	G	头	汽车大梁用钢	梁	L	尾
电工用热轧硅钢	电热	DR	头	耐候钢	耐候	NH	尾
易切削非调质钢	易非	YF	头	焊接气瓶用钢	焊瓶	HP	尾

（1）易切削结构钢　易切削结构钢是钢中加入一种或几种元素，利用其本身或与其他元素形成一种对切削加工有利的夹杂物，来改善钢材的切削加工性。易切削结构钢的牌号以“Y + 数字”表示，Y 是“易”字汉语拼音首位字母，数字为钢中平均碳的质量分数的万分之几，如 Y12 钢表示其平均碳的质量分数为 0.12% 的易切削结构钢。目前在易切削结构钢中常加入的元素是硫（S）、磷（P）、铅（Pb）、钙（Ca）、硒（Se）、碲（Te）等，如 Y40Ca 钢适合于高速切削加工，比 45 钢提高生产率一倍以上，节省工时，常用来制造齿轮轴、花键轴等零件。

目前，易切削结构钢主要用于制造受力较小、不太重要的大批量生产的标准件，如螺钉、螺母，垫圈、垫片，缝纫机、计算机和仪表用零件等。此外，还用于制造炮弹的弹头、炸弹壳等，使之在爆炸时碎裂成更多的弹片来杀伤敌人。常用易切削结构钢有 Y12 钢、Y20 钢、Y30 钢、Y35 钢、Y40Mn 钢、Y40Ca 钢等。

（2）锅炉用钢　锅炉用钢是在优质碳素结构钢基础上发展起来的专门用于制作锅炉构件的钢种，如 20g 钢、22g 钢、16Mng 钢等。此类钢要求化学成分与力学性能均匀，经过冷成形后在长期存放和使用过程中，仍能保证足够高的韧性。

（3）焊接用钢丝　焊接用钢丝（焊芯、实芯焊丝）牌号用“H”表示，“H”后面的一位或两位数字表示碳的质量分数的万分数；化学符号及其后面的数字表示该元素平均质量分数的百分数（若含量小于 1%，则不标明数字）；“A”表示优质（即焊接用钢丝中 S、P 含量比普通钢丝低）；“E”表示高级优质（即焊接用钢丝中 S、P 含量比普通钢丝更低）。例如，H08MnA 中，H 表示焊接用钢丝，08 表示碳的质量分数为 0.08%，Mn 表示锰的质量分数为 1%，A 表示优质焊接用钢丝。常用焊接用钢丝有 H08、H08E、H08MnA、H08Mn2、

H10MnSi 等。

（4）工程用铸造碳钢　生产中有许多复杂形状的零件，很难用锻压等方法加工成形，用铸铁铸造又难以满足力学性能要求，这时常选用工程用铸造碳钢采用铸造成形方法来获得铸钢件。工程用铸造碳钢中碳的质量分数一般为 0.20% ~0.60%，若碳的质量分数过高，则钢的塑性差，铸造时易产生裂纹。

工程用铸造碳钢的牌号是用“铸钢”两字的汉语拼音字首“ZG”后面加两组数字组成，第一组数字代表屈服强度最低值，第二组数字代表抗拉强度最低值，如 ZG 200-400 表示屈服强度大于 200MPa，抗拉强度大于 400MPa 的工程用铸钢。

工程用铸造碳钢广泛用于制造重型机械的某些零件，如箱体、曲轴、连杆、轧钢机机架、水压机横梁、锻锤砧座等。

4. 特殊质量非合金钢的牌号及应用

特殊质量非合金钢中使用最多的是碳素工具钢。碳素工具钢主要用于制造刃具、模具和量具。由于大多数工具都要求高硬度和高耐磨性，故碳素工具钢碳的质量分数都在 0.7% 以上，而且此类钢都是优质钢或高级优质钢，有害杂质元素（S、P）含量较少，质量较高。

碳素工具钢的牌号以“T+数字”表示，“T”表示“碳”字汉语拼音字首，“数字”表示平均碳的质量分数的千分数，如 T8 表示平均碳的质量分数为 0.80% 的碳素工具钢。若为高级优质碳素工具钢，则在牌号后面标以字母 A，如 T12 钢表示平均碳的质量分数为 1.2% 的高级优质碳素工具钢。碳素工具钢随着碳的质量分数的增加，其硬度和耐磨性提高，而韧性下降，其应用场合也分别不同。碳素工具钢的牌号、化学成分、硬度及应用举例见表 3-4。

表 3-4　碳素工具钢的牌号、化学成分、硬度及应用举例

牌号	化学成分(%)			退火状态 HBW 不大于	试样淬火温度 HRC 不小于	应用举例
	w_C	w_{Si}	w_{Mn}			
T7 T7A	0.65 ~0.74	≤0.35	≤0.40	187	800 ~820℃ 水冷 62	用作能承受冲击、韧性较好、硬度适当的工具，如扁铲、錾子、手钳、大锤、旋具、木工工具等
T8 T8A	0.75 ~0.84	≤0.35	≤0.40	187	800 ~820℃ 水冷 62	用作能承受冲击、要求具有较高硬度与耐磨性的工具，如冲头、压缩空气锤及木工工具等
T10 T10A	0.95 ~1.04	≤0.35	≤0.40	197	760 ~780℃ 水冷 62	用作不受剧烈冲击、中等韧性、要求具有高硬度与耐磨性的工具，如车刀、刨刀、冲头、丝锥、钻头、手用锯条、板牙等
T12 T12A	1.15 ~1.24	≤0.35	≤0.40	207	760 ~780℃ 水冷 62	用作不受冲击，要求具有高硬度、高耐磨性的工具，如锉刀、刮刀、钻头、精车刀、丝锥、量具等

3.2　合金钢

为了改善钢的某些性能或使之具有某些特殊性能（耐腐蚀、抗氧化、耐磨、热硬性、高淬透性等），在炼钢时有意加入的元素称为合金元素。含有一种或数种有意添加的合金元素的钢称为合金钢。

3.2.1 合金钢的分类

合金钢是按其主要质量等级和主要性能及使用特性分类的。

1. 按主要质量等级分类

合金钢按主要质量等级可分为优质合金钢和特殊质量合金钢。

（1）优质合金钢 优质合金钢是指在生产过程中需要特别控制质量和性能，但其生产控制和质量要求不如特殊质量合金钢严格的合金钢。它主要包括：一般工程结构用合金钢，合金钢筋钢（如40Si2MnV钢、45SiMnV钢等），不规定磁导率的电工用硅（铝）钢，铁道用合金钢，地质、石油钻探用合金钢，耐磨钢（如ZGMn13钢等）和硅锰弹簧钢（如60Si2Mn钢等）。

（2）特殊质量合金钢 特殊质量合金钢是指在生产过程中需要特别严格控制质量和性能的合金钢。除优质合金钢以外的所有其他合金钢都为特殊质量合金钢。它主要包括：压力容器用合金钢（如18MnMoNbR钢、14MnMoVg钢等），经热处理的合金钢筋钢，经热处理的地质、石油钻探用合金钢，合金结构钢，合金弹簧钢，不锈钢，耐热钢，合金工具钢，高速工具钢，轴承钢，高电阻电热钢和合金，无磁钢，永磁钢。

2. 按主要性能及使用特性分类

合金钢按主要性能及使用特性分类，可分为工程结构用合金钢（如一般工程结构用合金钢、合金钢筋钢、高锰耐磨钢等），机械结构用合金钢（如调质处理合金结构钢、表面硬化合金结构钢、合金弹簧钢等），不锈、耐蚀和耐热钢（如不锈钢、抗氧化钢和热强钢等），工具钢（如合金工具钢、高速工具钢），轴承钢（如高碳铬轴承钢、不锈轴承钢等），特殊物理性能钢（如软磁钢、永磁钢、无磁钢0Cr16Ti14等）及其他（如铁道用合金钢等）。

3.2.2 合金钢的牌号

我国合金钢的牌号是按照合金钢中碳的质量分数及所含合金元素的种类（元素符号）和其质量分数来编制的。一般牌号的首部是表示其平均碳的质量分数的数字，数字含义与优质碳素结构钢是一致的。对于结构钢，数字表示平均碳的质量分数的万分之几，对于工具钢，数字表示平均碳的质量分数的千分之几。当合金钢中某合金元素（Me）的质量分数 $w_{Me}<1.5\%$ 时，牌号中仅标出元素符号，不标明其含量；当合金元素的质量分数为 $1.5\% \leqslant w_{Me}<2.5\%$ 时，在该元素后面相应地用整数“2”表示其平均质量分数；当合金元素的质量分数为 $2.5\% \leqslant w_{Me}<3.5\%$ 时，在该元素后面相应地用整数“3”表示其平均质量分数，以此类推。

1. 合金结构钢的牌号

例如，60Si2Mn表示 $w_C=0.60\%$、$1.5\% \leqslant w_{Si}<2.5\%$、$w_{Mn}<1.5\%$ 的合金结构钢；09Mn2表示 $w_C=0.09\%$、$1.5\% \leqslant w_{Mn}<2.5\%$ 的合金结构钢。钢中钒、钛、铝、硼、稀土等合金元素，虽然含量很低，但仍然需要在钢中标出，如40MnVB钢、25MnTiBRE钢等。

2. 合金工具钢的牌号

当钢中 $w_C<1.0\%$ 时，牌号前数字以千分之几（一位数）表示；当 $w_C \geqslant 1\%$ 时，为了避免与合金结构钢相混淆，牌号前不标出碳的质量分数的数字。例如，9Mn2V表示 $w_C=0.9\%$、$1.5\% \leqslant w_{Mn}<2.5\%$、$w_V<1.5\%$ 的合金工具钢；CrWMn表示钢中 $w_C \geqslant 1.0\%$、w_W

<1.5%、w_{Mn}<1.5%的合金工具钢；高速工具钢牌号中不标出碳的质量分数值，如W18Cr4V钢。

3. 高碳铬轴承钢的牌号

高碳铬轴承钢牌号前面冠以汉语拼音字母“G”，其后为铬元素符号Cr，铬的质量分数以千分之几表示，其余合金元素与合金结构钢牌号规定相同，如GCr15SiMn钢。

4. 不锈钢和耐热钢的牌号

不锈钢和耐热钢的牌号表示方法与合金工具钢基本相同，只是当0.03%<w_C≤0.08%及w_C≤0.03%时，在牌号前分别冠以“0”及“00”，如0Cr21Ni5Ti钢、00Cr30Mo2钢等。

5. 铸钢的牌号

铸钢的牌号是在一般合金钢的牌号前加“ZG”。后面第一组数字表示铸钢的名义万分碳的质量分数，其后排列的是各主要合金元素符号及其名义百分质量分数。合金元素的加入能使铸钢的某些性能得到进一步提高与改善，如ZGMn13等。

3.2.3 常用合金钢的性能与应用

1. 合金结构钢

（1）低合金高强度结构钢　屈服强度高，塑性好，低温冲击韧度好，有良好的耐蚀性及焊接性。用于工程结构中桥梁、船舶、建筑钢筋、车辆、压力容器、重型机械的机架和箱体等。常用牌号有Q295、Q345、Q390、Q420、Q460等。

（2）合金渗碳钢　低碳，高硬度，高耐磨性，心部具有较高的强度和足够的韧性。用于轴、活塞销、汽车中的变速齿轮等。常用的牌号有15Cr钢、20Cr钢、20CrMnTi钢、20CrMnMo钢、20MnVB钢等。

（3）合金调质钢　中碳，综合力学性能良好，用于制造重要零件，如机床主轴、发动机轴、传动齿轮、连杆等。常用的有40Cr钢、50Mn钢、40B钢、40MnB钢、40CrNi钢、40CrMnMo钢等。表面要求较高硬度、耐磨性和疲劳强度的零件，可采用渗氮钢38CrMnAlA，其热处理工艺是调质和渗氮处理。

（4）合金弹簧钢　中、高碳，弹性极限高，疲劳强度高，有足够的塑性和冲击韧度。截面较大的弹簧采用合金弹簧钢，常用的牌号有55Si2Mn、60Si2Mn、55SiMnVB、60Mn、55CrVA等。

（5）滚动轴承钢　硬度高，耐磨性好，耐压强度和疲劳强度高，主要用于制造滚动轴承套圈、滚珠、滚柱，其次用在量具、模具、低合金刃具等方面。常用的牌号有GCr15钢、GCr9钢、GCr15SiMn钢。

2. 合金工具钢

合金工具钢比碳素工具钢具有更高的淬透性、耐磨性和热硬性，足够的塑性和冲击韧度，常用于制造重要的刃具、模具和量具等。

（1）合金刃具钢和合金量具钢　高硬度，高耐磨性，热处理后变形小。用于制作刃具（冷剪切刀、板牙、丝锥、铰刀、搓丝板、拉刀、圆锯）、量具（卡尺、千分尺、量块和塞规、精密丝杠）。常用的牌号有9SiCr、W18Cr4V、9Cr2、CrWMn、Cr2和9Mn2V等。

（2）合金模具钢　合金模具钢分为冷作模具钢和热作模具钢。冷作模具钢用于制造各种冲模、冷挤压模和拉丝模等，要求高硬度和高耐磨性，还要求有一定的冲击韧度和抗疲劳性。常用的牌号有 Cr12、Cr12MoV、9Mn2V、CrWMn。热作模具钢制造各种热锻模、热挤压模和压铸模等，要求模具高强度、较好的韧性和耐磨性，还要求有较好的抗热疲劳性能。常用的牌号有 3Cr2W8V、5CrNiMo、5CrMnMo、Cr12MoV、8Cr3 等。

3. 特殊性能钢

特殊性能钢具有某种特殊的物理、化学性能或力学性能，包括不锈钢、耐热钢、耐磨钢、磁钢、低温钢等。主要用于制造大型或重要的工程结构和机器零件，如汽轮机叶片、热油泵轴、铁轨分道叉、石油化工设备等。常用的牌号有 12Cr18Ni9、30Cr13、42Cr9Si2 等。

4. 铸钢

铸钢一般应用于较重要的、复杂的，而且要求具有较高强度、塑性与韧性以及特殊性能的结构件，如机架、缸体、齿轮、连杆等。

常用的低合金铸钢（合金元素的质量分数小于 5%）有 ZG35Mn、ZG37SiMn2MoV、ZG40CrMnMo 等。在有些场合下需用一些具有特殊性能的高合金铸钢（合金元素的质量分数大于 10%），如 ZGMn13 用于制造高耐磨的坦克履带、挖土机掘斗等，ZG1Cr18Ni9（铸造不锈钢）用于制造耐酸泵等耐腐蚀工件。

3.3 铸铁

铸铁是碳的质量分数 $w_C > 2.11\%$，在凝固过程中经历共晶转变，含有较高硅元素及含有较多杂质元素的铁基合金的总称。从化学成分看，铸铁与钢的主要区别在于铸铁含有较高的碳和硅，并且硫、磷杂质含量较高。有时为了提高铸铁的力学性能或获得某种特殊性能，需加入铬、钼、钒、铜、铝等合金元素，从而形成合金铸铁。铸铁是一种脆性材料，不适合制造受冲击、受变载作用的零件，但它具有良好的铸造性、减摩性、减振性和切削性，生产工艺简单，成本低，广泛用来制造结构形状复杂的零件，如箱类、壳类和底座类零件。

3.3.1 铸铁的种类

根据碳在铸铁中存在形式的不同，铸铁分为下列几种：

1. 白口铸铁

碳几乎全部以渗碳体的形式存在，断口呈亮白色，所以称为白口铸铁。由于在各阶段都没有进行石墨化过程，铁液完全按铁碳相图结晶，碳全部以渗碳体的形式存在，性能硬而脆，不宜直接使用。多作为炼钢的原料或生产可锻铸铁的坯料。

2. 灰铸铁

灰铸铁是在高温和中温阶段石墨化能够充分进行的情况下形成的，碳多以片状石墨形式存在，它是铸铁中用量最大的一种材料。可用于制造受压的零件，如机床床身、箱体、机座、轴承座等。在浇注前向铁液中加入少量孕育剂，可提高其力学性能。经孕育处理后的灰铸铁称为孕育铸铁。HT300 和 HT350 为孕育铸铁，适用于制造力学性能要求高、截面尺寸变化较大的大型铸件。

3. 球墨铸铁

球墨铸铁中的碳多以球状石墨形式存在，是在浇注前向灰铸铁中加入少量的球化剂和孕育剂得到的，它是铸铁中性能最好的一种，抗拉强度、塑性、冲击韧度、疲劳强度不仅高于其他铸铁，而且可与相应组织的钢相比。可用于制造农机具、车辆的油泵壳体、柴油机曲轴、凸轮轴等。

4. 蠕墨铸铁

蠕墨铸铁是一种新型铸铁，其中碳主要以蠕虫状石墨形态存在，其石墨形状介于片状和球状之间，其铸造性能、减振能力及导热性能都优于球墨铸铁，并接近灰铸铁。蠕墨铸铁主要用于制造受热循环载荷、强度要求高、形状复杂的大型铸件。

5. 可锻铸铁

可锻铸铁是由白口铸铁经长时间的高温可锻化退火而获得的具有团絮状石墨的铸铁。与灰铸铁相比具有较高的力学性能，特别是塑性和冲击韧度有明显提高。可锻铸铁不能锻造。常用于制造截面较薄、形状较复杂、受振动而强度和冲击韧度要求高的零件，在汽车和拖拉机等制造行业中应用广泛。

6. 麻口铸铁

碳一部分以渗碳体的形式存在，一部分以石墨的形式存在，断口呈灰白相间，所以称麻口铸铁。其脆性较大，很少使用。

3.3.2 常用铸铁的牌号、力学性能及应用

1. 灰铸铁

灰铸铁的牌号用“HT＋数字”组成。其中，“HT”是“灰铁”两个字汉语拼音的字首，其后的数字表示灰铸铁的最低抗拉强度。常用灰铸铁的牌号、力学性能及应用举例见表3-5。

表3-5 灰铸铁的牌号、力学性能及应用举例

类别	牌号	力学性能		应用举例
		R_m/MPa 不小于	硬度（HBW）	
铁素体灰铸铁	HT100	100	143～229	低载荷和不重要零件，如盖、外罩、手轮、支架
铁素体-珠光体灰铸铁	HT150	150	163～229	承受中等应力的零件，如底座、床身、工作台、阀体、管路附件及一般工作条件要求的零件
珠光体灰铸铁	HT200	200	170～341	承受较大应力和重要的零件，如气缸体、齿轮、机座、床身、活塞、齿轮箱、液压缸等
	HT250	250	170～241	
孕育铸铁	HT300	300	187～225	床身导轨、车床、压力机等受力较大的床身、机座、主轴箱、卡盘、齿轮等，高压油缸、泵体、阀体、衬套、凸轮，大型发动机的曲轴、气缸体等
	HT350	350	197～269	

2. 球墨铸铁

球墨铸铁的牌号用“QT＋数字-数字”表示。其中，“QT”是“球铁”两个字汉语拼音

的字首，两组数字分别代表球墨铸铁的最低抗拉强度和最低伸长率。常用球墨铸铁的牌号、力学性能及应用举例见表 3-6。

表 3-6　常用球墨铸铁的牌号、力学性能及应用举例

基体类型	牌号	R_m/MPa	$R_{r0.2}$/MPa	A(%)	硬度（HBW）	应用举例
铁素体	QT400-15	400	250	15	130～180	阀体，汽车、内燃机车零件，机床零件，减速器壳
	QT450-10	450	310	10	160～210	
铁素体-珠光体	QT500-7	500	320	7	170～230	机油泵齿轮，机车、车辆轴瓦
珠光体	QT700-2	700	420	2	245～305	柴油机曲轴、凸轮轴，气罐体、气缸套，活塞环
	QT800-2	800	480	2	245～335	
下贝氏体	QT900-2	900	600	2	280～360	汽车弧齿锥齿轮，拖拉机减速齿轮，柴油机凸轮轴

3. 蠕墨铸铁

蠕墨铸铁的牌号用“RuT + 数字”表示。其中，“RuT”是“蠕铁”两个字汉语拼音的字首，其后的数字表示蠕墨铸铁的最低抗拉强度。常用蠕墨铸铁的牌号、力学性能见表 3-7。

表 3-7　蠕墨铸铁的牌号、力学性能

基体类型	牌号	R_m/MPa	$R_{r0.2}$/MPa	A(%)	硬度(HBW)
		不小于			
珠光体	RuT420	420	335	0.75	200～280
铁素体-珠光体	RuT300	300	240	1.5	140～217
铁素体	RuT260	260	195	3.0	121～197

蠕墨铸铁常用于制造受热、循环载荷、要求组织致密、强度较高、形状复杂的大型铸件，如机床的立柱，柴油机的气缸盖、缸套、排气管等。

4. 可锻铸铁

可锻铸铁的牌号用“KTH + 数字-数字”或“KTZ + 数字-数字”表示。其中，前两个字母“KT”是“可铁”两个字汉语拼音的字首，第三个字母代表类别，“H”表示“黑心”（即铁素体基体），“Z”表示珠光体基体，其后的两组数字分别代表可锻铸铁的最低抗拉强度和最低伸长率。常用可锻铸铁的牌号、力学性能及应用举例见表 3-8。

表 3-8　可锻铸铁的牌号、力学性能及应用举例

类型	牌号	R_m/MPa	A(%)	硬度(HBW)	应用举例
		不小于			
黑心可锻铸铁	KTH330-08	330	8	≤150	汽车、拖拉机的后桥外壳、转向机构、弹簧钢板支座等，低压阀门、管接头、扳手、铁道扣板和农具等
	KTH370-12	370	12		

（续）

类型	牌号	R_m/MPa	A(%)	硬度(HBW)	应用举例
		不小于			
珠光体可锻铸铁	KTZ550-04	550	4	180～230	曲轴、连杆、齿轮、凸轮轴、摇臂、活塞环等

5. 合金铸铁

常规元素硅、锰高于普通铸铁规定含量或含有其他合金元素，具有较高力学性能或某种特殊性能的铸铁，称为合金铸铁。常用的合金铸铁有抗磨铸铁、耐热铸铁及耐蚀铸铁等。

（1）抗磨铸铁　不易磨损的铸铁称为抗磨铸铁。通常通过激冷或向铸铁中加入铬、钨、钼、铜、锰、磷等元素，在铸铁中形成一定数量的硬化相来提高其耐磨性。抗磨铸铁按其工作条件不同大致可分为两类：减摩铸铁和抗磨白口铸铁。

减摩铸铁是在润滑条件下工作的，如机床导轨、气缸套、活塞环和轴承等；抗磨白口铸铁是在无润滑、干摩擦条件下工作的，如犁铧、轧辊、抛丸机叶片和球磨机磨球等。

在润滑条件下工作的零件，其组织应为软基体上分布着硬相组织。珠光体灰铸铁基本上符合要求，其珠光体基体中的铁素体为软基体，渗碳体为硬相组织，石墨片本身是良好的润滑剂，并且由于石墨组织的“松散”特点，所以，石墨所在之处可以储存润滑油，从而达到润滑摩擦表面的效果。

在干摩擦条件下工作的零件，应具有均匀的高硬度组织，如白口铸铁就是一种较好的抗磨铸铁。抗磨白口铸铁的牌号由 KmTB（抗磨白口铸铁）、合金元素符号和数字组成，如 KmTBNi4Cr2DT、KmTBNi4Cr2GT、KmTBCr20Mo、KmTBCr26 等。牌号中的“DT”表示低碳，“GT”表示高碳。

（2）耐热铸铁　可以在高温下使用，其抗氧化或抗生长性能符合使用要求的铸铁，称为耐热铸铁。国外应用较多的耐热铸铁是铬、镍系耐热铸铁，我国目前广泛应用的是高硅、高铝或铝硅耐热铸铁以及铬耐热铸铁。耐热铸铁的牌号用“R”表示，如 HTRSi5、HTRCr16 等；如果牌号中有字母“Q”，则表示球墨铸铁，数字表示合金元素的质量分数，如 QTRSi5、QTRAl22 等。耐热铸铁主要用于制作工业加热炉附件，如炉底板、烟道挡板、废气道、传递链构件、渗碳坩埚、热交换器、压铸型等。

（3）耐蚀铸铁　能耐化学、电化学腐蚀的铸铁称为耐蚀铸铁。耐蚀铸铁中通常加入的合金元素有硅、铝、铬、镍、钼、铜等。常用的耐蚀铸铁有高硅耐蚀铸铁、高硅钼耐蚀铸铁、高铝耐蚀铸铁、高铬耐蚀铸铁、镍铸铁等。耐蚀铸铁主要用于化工机械，如管道、阀门、耐酸泵、反应锅及容器等。

常用的高硅耐蚀铸铁的牌号有 STSi11Cu2CrRE、STSi5RE、STSi15Mo3RE 等。牌号中的“ST”表示耐蚀铸铁，“RE”是稀土代号，数字表示合金元素的质量百分数。

3.4　有色金属及其合金

工业上将钢铁材料以外的金属及合金，统称为有色金属。有色金属及合金具有许多特殊性能，是工业生产中不可缺少的金属材料。

3.4.1　铝及铝合金

1. 纯铝

纯铝呈银白色，塑性好，强度低，适于压力加工，有良好的耐腐蚀性，导电、导热性好，仅次于银、铜、金。

纯铝牌号用1×××四位数字、字符组合表示，牌号的最后两位数字表示最低铝的质量分数。当最低铝的质量分数精确到0.01%时，牌号的最后两位数字就是最低铝的质量分数中小数点后面的两位。如1A99，其 $w_{Al}=99.99\%$；1A96，其 $w_{Al}=99.96\%$。

纯铝主要用于熔炼铝合金，制造电线、电缆、电器元件、换热器件，以及要求制作质轻、导热与导电、耐大气腐蚀但强度要求不高的机电构件等。

为提高铝的强度、硬度，在铝中加入一定的合金元素，从而得到一系列性能优异的铝合金，铝合金分为变形铝合金和铸造铝合金两大类。

2. 变形铝合金

变形铝合金主要有以下类别。

（1）防锈铝　强度低、塑性好、易于加工，有良好的耐蚀性和焊接性，特别适用于制造承受轻载的零件，如油箱、管道等。

（2）硬铝　具有较高的力学性能，耐蚀性低，其制品需要防腐处理。主要用于制作中等强度的构件和零件，如铆钉、螺栓、航空工业中的一般受力结构件。

（3）超硬铝　屈服强度和抗拉强度值较为接近，塑性低，缺口敏感性大，疲劳强度低，耐蚀性差，要进行防腐处理，广泛用于飞机结构中主要受力件，如大梁、起落架等。

（4）锻铝　热塑性好，在锻造温度范围内具有优良的塑性，可制造各种形状复杂的零件或制成棒材。

变形铝合金牌号在新标准中规定直接引用国际四位数字体系牌号或采用四位字符体系牌号。各类铝合金的牌号、性能及应用举例见表3-9。

表3-9　各类铝合金的牌号、性能及应用举例

类别	牌号	性能	应用举例
防锈铝	5A02	强度不高，塑性优良，耐蚀性好，焊接性好，热处理不能强化，通过冷变形进行强化	在液体介质中工作的零件，如油箱、油管等
	3A21		
硬铝	2A12	强度、硬度较高，耐蚀性不高，可热处理强化	飞机上骨架、梁、铆钉等
超硬铝	7A04	强度高，塑性较低，耐蚀性差，能热处理强化	高载荷零件，如飞机上的大梁、桁条、起落架等
锻铝	2A50	强度高，锻造性能好，耐蚀性不高，切削性能好，能热处理强化	形状复杂、中等强度的锻件、模锻件、冲压件等
	2A70	耐热性好，热强性较高，耐蚀性不高，压力加工性好	内燃机活塞、叶轮及在高温下工作的复杂锻件等

3. 铸造铝合金

用于制造铸件的铝合金称为铸造铝合金，其力学性能不如变形铝合金，但铸造性能好，可铸造形状复杂的零件毛坯。

（1）铝硅合金　用于制造质轻、耐腐蚀、形状复杂、有一定力学性能的零件，如气缸体、活塞、风扇叶片、仪表外壳等。

（2）铝铜合金　强度较高，用于制造高强度或高温条件下工作的零件、如内燃机气缸、活塞等。

（3）铝镁合金　适于制造在腐蚀介质条件下工作的零件，如泵体、舰艇配件、海水中工件等。

（4）铝锌合金　强度较高，价格便宜，适于制造医疗器械、仪表零件、飞机零件等。

铸造铝合金的牌号由铝和主要合金元素的化学符号，以及表示主要合金元素名义质量百分数的数字组成，并在其牌号前面冠以“铸”字的汉语拼音字母的字首“Z”。例如，ZAlSi12 表示 $w_{Si}=12\%$，$w_{Al}=88\%$ 的铸造铝合金。常用铸造铝合金的牌号、性能及特点见表 3-10。

表 3-10　常用铸造铝合金的牌号、性能和特点

类别		合金牌号	合金代号	力学性能					特点
				铸造方法	热处理	R_m /MPa	$A(\%)$	HBW	
铝硅合金	简单铝硅合金	ZAlSi2	ZL102	金属型铸造	铸态	155	2	50	铸造性能好，力学性能低
	特殊铝硅合金	ZAlSi7Mg ZAlSi7Cu4	ZL101 ZL107	金属型铸造	T5 T6	205 275	2 2.5	60 100	良好的铸造性能和力学性能
铝铜合金		ZAlCu5Mn	ZL201	砂型铸造	固溶加自然时效	295	8	70	耐热性好，铸造性能及耐蚀性较低
铝镁合金		ZAlMg10	ZL301	砂型铸造	固溶加自然时效	280	10	60	力学性能和耐蚀性较高
铝锌合金		ZAlZn11Si7	ZL401	金属型铸造	人工时效	244	1.5	90	铸造性能好，力学性能较高

3.4.2　铜及铜合金

1. 纯铜

纯铜呈紫红色，具有良好的导电性、导热性、耐蚀性和焊接性。

纯铜牌号用“T＋数字”表示，“T”表示“铜”字汉语拼音字首，数字表示顺序号，共有 T1、T2、T3、T4 四个牌号。序号越大，纯度越低。

纯铜主要用于制造电线、电缆、电刷、铜管、铜棒及配制合金。

铜合金按加入元素不同分为黄铜、青铜和白铜，常用的铜合金是黄铜和青铜。

2. 黄铜

铜和锌的合金称为黄铜。

黄铜牌号用“H＋数字”表示，“H”是“黄”的汉语拼音字首，“数字”表示铜的质量分数。如 H70 表示 $w_{Cu}=70\%$ 的压力加工普通黄铜。特殊黄铜的牌号依次由“H”与主加合金元素符号、铜的质量分数、合金元素的质量分数组成。如 HPb59-1 表示 $w_{Cu}=59\%$、$w_{Pb}=1\%$，其余为锌的铅黄铜。铸造黄铜牌号表示方法与铸造铝合金相同。常用黄铜的类别、牌号、性能及应用举例见表3-11。

表3-11 常用黄铜的类别、牌号、性能及应用举例

类别	牌号	性能	应用举例
普通黄铜	H68	强度较高，塑性较好，适于压力加工	复杂的冷冲件和深冲件、散热外壳等
	H62		销钉、铆钉、螺母、垫圈、导管等
特殊黄铜	HPb59-1	强度较高，切削加工性好，较好的耐蚀性、耐磨性	轴、轴套、螺栓、分流器、导电排
	HMn58-2		船舶零件及轴承等耐磨件
铸造黄铜	ZCuZn16Si4	强度较低，铸造性能好，较好的耐磨性和耐蚀性	接触海水工作的配件及水泵、叶轮，和在空气、淡水、油、燃料及工作压力在4.5MPa和250℃以下蒸汽中工作的零件
	ZCuZn40Pb2		一般用途的耐磨、耐蚀零件，如轴套、齿轮

如H70、H68强度较高、塑性特别好，常用来制造线材、板材或形状复杂的深冲压件及枪弹壳等。H62、H60强度高、塑性差，常用作水管、油管、散热器及中等强度的结构件，如螺栓、螺母、弹簧和轴套等。在普通黄铜基础上加入Pb、Al、Sn、Ni、Si等元素后形成特殊黄铜，比普通黄铜具有更高的强度、硬度、耐蚀性、切削加工性和耐磨性。

3. 青铜

青铜是指除黄铜、白铜（以镍为主要合金元素的铜合金）以外的铜合金。按生产方式不同分为加工青铜和铸造青铜两类；按加入的合金元素不同主要分为锡青铜和无锡青铜。

（1）锡青铜　以锡为主要合金元素的铜合金称为锡青铜。

压力加工锡青铜是适宜于冷热压力加工的青铜，经形变强化后，强度、硬度提高，但塑性有所下降，用于制造仪表上耐磨、耐蚀的零件，弹性零件及滑动轴承、轴套等。

铸造锡青铜只宜用来生产强度和致密性要求不高，但形状复杂的铸件。

（2）无锡青铜　无锡青铜是指不含锡的青铜，常用的有铝青铜、铍青铜、锰青铜、硅青铜等。

铝青铜是无锡青铜中用途最广泛的一种，比锡青铜和黄铜有更高的强度、耐磨性、耐蚀性及铸造性能，用来制造高强度零件、轴承、轴瓦、齿轮、摩擦片和蜗轮等。

铍青铜不仅有高的强度、弹性、耐磨性、耐蚀性和耐疲劳强度，还有优异的导电性、导热性和耐寒性，用于制造精密仪器、仪表中重要的弹性元件、耐腐蚀及耐磨零件和防爆工具等。

硅青铜有较高的力学性能和耐蚀性，适于冷、热加工，主要用于制造耐腐蚀、耐磨零件或电线、电话线等。

加工青铜的牌号由“Q+第一个主加元素符号及数字+其他加入元素符号及数字”表示。“Q”是“青”字汉语拼音字首，“数字”依次表示第一个主加元素和其他加入元素的平均质量百分数，如QSn4-3表示 $w_{Sn}=4\%$、其他元素 $w_{Zn}=3\%$，余量为铜的锡青铜。常用青铜的类别、牌号、性能及应用举例见表3-12。

表 3-12　常用青铜的类别、牌号、性能及应用举例

类别	牌号	性能	应用举例
锡青铜	QSn4-3	耐磨性高，对大气、水、海水有良好的耐蚀性，无冷脆现象	弹簧、管配件等
	QSn6.5-0.4		耐磨及弹性零件等
	QSn4-4-2.5		轴承、轴套的衬垫等
	ZCuSn10Zn2	耐磨性高，耐蚀性好，无冷脆现象，流动性差，铸件致密性不高，收缩小	在中等及较高载荷作用下工作的重要管配件、阀、泵体等
	ZCuSn10P1		重要的轴瓦、齿轮、连杆和轴套等
无锡青铜	QBe2	良好的弹性、强度、耐疲劳性、耐磨性、耐蚀性，较高的耐寒性、抗磁性、导热性，受冲击不产生火花	重要仪表的弹簧、齿轮等
	QAl7	较高的强度、硬度和塑性，较好的耐热性、耐磨性和耐蚀性	重要的弹簧和弹性元件等
	ZCuAl10Fe3Mn2		重要用途的耐磨、耐蚀的重型铸件，如轴套、螺母、蜗轮等
	ZCuPb30	较高的疲劳强度、较高的热导性，冲击载荷作用下开裂倾向小	高速双金属轴瓦、耐磨零件

4. 白铜

以镍为主要合金元素的铜合金称为白铜。它具有较好的强度和优良的塑性，能进行冷、热变形。冷变形能提高强度和硬度。它的耐蚀性很好，电阻率较高。主要用于制造船舶仪器零件、化工机械零件及医疗器械等。锰含量高的锰白铜可制作热电偶丝。

白铜的牌号用“白铜”或“B”与后面两位数字来表示。数字表示镍的质量分数，其余为铜。例如，B19 表示镍的质量分数为 19%，铜的质量分数为 81%。特殊白铜则在牌号中标出合金元素的含量。

3.4.3　钛及钛合金

1. 纯钛

纯钛是纯白色轻金属，密度小，熔点高，强度低，塑性好，加工性能好，比强度高，低温韧性好，耐蚀性能好。其力学性能与 40 钢相近，可以制造在 350℃ 以下工作的零件。

工业用钛的牌号用“TA + 顺序号”表示，如 TA2 表示 2 号工业纯钛。工业纯钛的牌号有 TA0、TA1、TA2 和 TA3 四种，顺序号越大，杂质含量越多。

纯钛在航空部门用于制造飞机骨架、蒙皮、发动机部件；在化工部门用于制造热交换器、泵体、搅拌器等。

2. 钛合金

钛合金密度也较小，强度很高，与某些高强度合金钢相近，还具有良好的低温性能。在大气、海水、含氧酸和湿氯气中，具有优良的耐蚀性。

钛合金的牌号用“T + 合金类别代号 + 顺序号”表示。“T”是“钛”字汉语拼音字母的字首，合金类别代号分别用 A、B、C 表示 α 型、β 型、α + β 型钛合金。例如，TA7 表示 7 号 α 型钛合金；TB2 表示 2 号 β 型钛合金。

钛合金用于制造超音速飞机的涡轮机壳、压气机盘、叶片舰艇耐压壳体和火箭及导弹液

氢燃料箱的材料等。钛合金的类别、牌号、性能及应用举例见表3-13。

表3-13 钛合金的类别、牌号、性能及应用举例

类别	牌号	性能	应用举例
α钛合金	TA5	较好的耐蚀性、焊接性、热强性，不能热处理强化	在500℃以下工作的零件、导弹燃料罐等
	TA6		
β钛合金	TB2	较高的强度，优良的冲击性能，可热处理强化，合金元素多，冶炼工艺复杂	在350℃以下工作的零件
α+β钛合金	TC1	在室温下综合性能较好，能冷热加工变形，可热处理强化	在400℃以下工作的零件
	TC4		

3.4.4 滑动轴承合金

在滑动轴承中，制造轴瓦或内衬的合金称为滑动轴承合金。

滑动轴承合金具有较高的抗压强度和疲劳强度；摩擦因数小、耐磨性好、加工性能好。

滑动轴承合金牌号由“Z+基体金属元素符号+主添加合金元素的化学符号+数字+辅添加合金元素的化学符号+数字”组成。其中，“Z”是“铸”字汉语拼音字母的字首。例如，ZSnSb11Cu6表示平均锑的质量分数为11%，铜的质量分数为6%，锡的质量分数为83%的锡基滑动轴承合金。常用滑动轴承合金类别、牌号、性能及应用举例见表3-14。

表3-14 常用滑动轴承合金类别、牌号、性能及应用举例

类别	牌号	性能	应用举例
锡基轴承合金	ZSnSb12Pb10Cu4	适中的硬度、摩擦因数低、较好的塑性和韧性、优良的导热性和耐蚀性	非高温工作下的一般机械的主轴轴承
	ZSnSb11Cu6		1500kW以上的高速蒸汽机，400kW的涡轮压缩机用的轴承
	ZSnSb8Cu4		一般大机器轴承及轴衬，重载、高速汽车发动机，薄壁双金属轴承
	ZSnSb4Cu4		涡轮内燃机高速轴承及轴衬
铅基轴承合金	ZPbSb15Sn5Cu3Cd2	强度、硬度、韧性均低于锡基轴承合金，摩擦因数大，价格便宜	船舶机械，小于250kW的电动机轴承
	ZPbSb10Sn6		重载、耐蚀、耐磨用轴承

3.4.5 硬质合金

硬质合金是指以一种或几种难熔碳化物的粉末为主要成分，加入起粘结作用的金属钴粉末，用粉末冶金法制得的材料。

硬质合金硬度高、热硬性好、耐磨性好。

硬质合金牌号由“字母+数字+字母”组成，第一组字母代表硬质合金的种类，如“YG”表示钨钴类，是“硬钴”两个字汉语拼音字首；“YT”表示钨钛钴类，是“硬钛”两个字汉语拼音字首。“YW”表示钨钛钽（铌）类（通用类、万能类），是“硬万”两个字汉语拼音字首。钨钴类硬质合金的数字表示平均含钴质量百分数，钨钛钴类硬质合金的数

字表示含碳化钛平均质量百分数，钨钛钽类硬质合金的数字代表顺序号；牌号尾部字母表示颗粒合金的情况，一般颗粒合金不加字母，加“X”代表细颗粒合金，加“C”表示粗颗粒合金。例如 YG8 表示 $w_{Co}=8\%$ 的一般颗粒合金。

常用硬质合金类别、牌号、性能及应用举例见表 3-15。

表 3-15 常用硬质合金类别、牌号、性能及应用举例

类别	牌号	性能	应用举例
钨钴类	YG3X YG6 YG8C YG15	较好的强度和韧性；WC 含量较高、Co 含量较低时，硬度较高，抗弯强度较低	切削脆性材料，如铸铁、有色金属、胶木等，YG3X 适于精加工，YG15 适于粗加工
钨钛钴类	YT5 YT15 YT30	加入 TiC，提高了硬度和耐热性，TiC 越多，硬度、耐磨性、耐热性越好，而抗弯强度越差	用于加工韧性材料，如钢材等，YT5 适于粗加工，YT30 只能精加工
钨钛钽(铌)类	YW1 YW2	加入 TaC，显著提高硬度、耐磨性、耐热性及抗氧化性	既能加工钢，又能加工铸铁，可用于耐热钢、高锰钢、不锈钢等的加工

3.5 非金属材料

非金属材料通常指除金属材料以外的工程材料，主要指高分子材料、陶瓷和复合材料等。

3.5.1 高分子材料

1. 工程塑料

工程塑料是以合成树脂为主要成分的高分子材料，密度小，摩擦因数小，耐磨，绝缘，减振，但强度、硬度低，不耐高温，尺寸稳定性和形状稳定性差，容易老化，有的价格昂贵。工程塑性按热性能不同可分为热固性和热塑性两类，热固性塑料加工具有不可逆性，但强度高，可以制造承载零件，主要用于轻载、薄壳零件；热塑性塑料可重复加工，但使用温度较低，不宜用于承载零件。

2. 橡胶

橡胶的摩擦因数大，弹性和减振性能好，能吸收冲击能量，但强度低，常用来制造传动带、减振元件和联轴器弹性元件，还可以用来制造密封零件和用水润滑的轴承衬。

3. 合成纤维

合成纤维是指以石油、天然气、煤及农副产品等作为原料，经过化学合成方法制得的化学纤维。按用途不同将其分为普通合成纤维和特种合成纤维两大类。

普通合成纤维以六大纶为主，占合成纤维总产量的 90% 以上，它们是：锦纶（尼龙）、涤纶（的确良）、腈纶（人造毛）、维纶、氯纶和丙纶。特种合成纤维有：耐高温纤维（如芳纶 1414）、耐辐射纤维、防火纤维、导电性纤维等。

3.5.2　陶瓷

陶瓷材料是指用各种粉状原料做成一定形状后，在高温窑炉中烧制而成的一种无机非金属固体材料。陶瓷硬度高、抗压强度大、耐高温、抗氧化、耐腐蚀、隔热、绝缘。按用途将其分为建筑陶瓷、卫生陶瓷、电绝缘陶瓷、化学陶瓷和化工陶瓷等。

3.5.3　复合材料

复合材料是指为了达到某些特殊性能要求而将两种或两种以上物理、化学性质不同的物质，经人工组合得到的固体材料。复合材料具有比强度、比刚度高，耐疲劳、抗蠕变、高温性能好，减振、减摩、耐蚀性好等优点。

1. 玻璃钢

用玻璃纤维增强工程塑料得到的复合材料，俗称玻璃钢。玻璃钢按照基体不同分为热固性和热塑性两种。

热固性玻璃钢成形工艺简单、质轻、比强度高、耐腐蚀、介电性高、电波穿透性好，但弹性模量低、刚性差，耐热度不超过250℃，易老化、蠕变。

常用的热塑性玻璃钢都具有高的力学性能、介电性能、耐热性和抗老化性能，工艺性能也好。

2. 碳纤维

碳纤维由各种人造纤维或天然有机纤维，经过碳化或石墨化而制成。因强度高被称为高强度碳纤维（型碳纤维），碳纤维比强度大，冲击韧度和化学稳定性好，常用于制造机器中的承载、耐磨及耐蚀零件，如连杆、齿轮、轴承、泵、阀体、活塞等，在航天、航海、航空等领域用作要求强度、比弹性模量高的结构材料。

知识拓展

杂质元素对钢材性能的影响

实际生产中使用的钢铁材料除含有碳、铁元素外，还含有少量的硅、锰、硫、磷、氢等元素，这些元素的存在对于钢铁材料的组织和性能都有一定的影响，它们统称为杂质元素。

1. 硅的影响

硅是钢中的有益元素，是作为脱氧剂带进钢材的，与钢液中 FeO 生成炉渣，消除 FeO 对钢的不良影响，改善钢材的冶炼质量。硅溶于铁素体中，提高钢材的强度、硬度和弹性，但降低了钢材的塑性和韧性。在硅的含量不高时，对钢的性能影响不大。

2. 锰的影响

锰是钢中的有益元素，是炼钢时用锰铁脱氧后残留在钢材中的杂质元素。锰具有一定的脱氧能力，使钢中 FeO 还原成铁，改善钢的冶炼质量。锰还可以与硫生成 MnS，减轻硫的有害作用，降低钢材的脆性，改善钢材的热加工性能。锰能大部分溶于铁素体，形成固溶强化，提高钢材的强度和硬度。$w_{Mn}=0.25\%\sim0.80\%$时，对钢性能影响不大。

3. 硫的影响

硫是钢中的有害元素，应严格控制。硫是在炼钢时由矿石和燃料带进钢材的，而且在炼钢时难以除尽，以 FeS 存在于钢中，FeS 又与 Fe 形成低熔点（985℃）共晶体，分布在奥氏体晶界上。当钢在 1000℃以上进行加工时，晶界处共晶体融化，使钢变脆，称为热脆。钢材中硫到质量分数必须严格控制，我国一般控制在 0.050% 以下。但在易切削钢中可适当提高硫的质量分数，其目的在于提高钢材的切削加工性。此外，硫对钢材的焊接性有不良的影响，容易导致焊缝产生热裂，产生气孔和疏松。

4. 磷的影响

磷是钢中的有害元素，应严格控制磷含量。磷是由矿石带入钢材中的。磷能全部溶于铁素体中，使钢的硬度、强度有所提高，但塑性、韧性显著降低，在低温时脆性严重（称为冷脆）。

5. 非金属夹杂物的影响

在炼钢过程中，由于少量炉渣、耐火材料及冶炼中的反应物进入钢液中，从而在钢材中形成非金属夹杂物，如氧化物、硫化物、硅酸盐、氮化物等。这些非金属夹杂物都会降低钢的力学性能，特别是降低塑性、韧性及疲劳强度，严重时还会使钢材在热加工与热处理过程中产生裂纹，或使用时造成钢材突然脆断。非金属夹杂物也促使钢材形成热加工纤维组织与带状组织，使钢材具有各向异性。严重时横向塑性仅为纵向的一半，并使钢材的冲击韧度大为降低。因此，对于重要用途的钢材，如弹簧、滚动轴承钢、渗碳钢等，需要检查非金属夹杂物的数量、形状、大小与分布情况，并按相应的等级标准进行评定。

此外，钢材在整个冶炼过程中，由于与空气接触，因而钢液中会吸收一些气体，如氮、氧、氢等。这些气体对钢材的质量也会产生不良的影响。尤其是氢对钢材的危害很大，它使钢材变脆（称氢脆），也可使钢材产生微裂纹（称白点），严重影响钢材的力学性能，使钢材容易产生脆断。

合金元素在钢材中的作用

钢中加入的合金元素主要有硅（Si）、锰（Mn）、铬（Cr）、镍（Ni）、钨（W）、钼（Mo）、钒（V）、钛（Ti）、铌（Nb）、钴（Co）、铝（Al）、硼（B）及稀土元素（RE）等。

1. 合金元素在钢材中的存在形式及作用

合金元素在钢材中主要以两种形式存在，一种是溶入铁素体中形成合金铁素体；另一种是与碳化合形成碳化物。

（1）合金铁素体　大多数合金元素都能不同程度地溶入铁素体中。溶入铁素体的合金元素，由于它们的原子大小及晶格类型与铁不同，使铁素体晶格发生不同程度的畸变，其结果使铁素体的强度、硬度提高，但当合金元素超过一定的质量分数后，铁素体的韧性和塑性会显著降低。

与铁素体有相同晶格类型的合金元素，如 Cr、Mo、W、V、Nb 等强化铁素体的作用较弱；而与铁素体具有不同晶格的合金元素，如 Si、Mn、Ni 等元素强化铁素体的作用较强。

（2）碳化物　合金元素可分为碳化物形成元素和非碳化物形成元素两类。非碳化物形成元素，如 Si、Al、Ni 及 Co 等，它们只以原子状态存在于铁素体或奥氏体中。碳化物形成元素，按它们与碳结合的能力，由强到弱的次序是：Ti、Nb、V、W、Mo、Cr、Mn 和 Fe。它们与碳形成的碳化物有 TiC、NbC、VC、WC、MoC、CrC 及 $(Fe, Cr)_3C$ 等。这些碳化物本身都有极高的硬度，有的可达 71 ~ 75HRC。因此，碳化物的存在提高了钢材的强度、硬度和耐磨性。

2. 合金元素对钢材热处理和力学性能的影响

合金元素对钢材的有利作用主要是通过影响热处理工艺中的相变过程显示出来的。因此，合金钢的优越性大多要通过热处理才能充分发挥出来。

（1）合金元素对钢材加热转变的影响　合金钢的奥氏体形成过程基本上与非合金钢相同。在奥氏体形成过程中，除 Fe、C 原子扩散外，还有合金元素原子的扩散。由于合金元素的扩散速度慢，且大多数合金元素（除 Ni、Co 外）均减慢碳的扩散速度，加之碳化物比较稳定，不易溶入奥氏体中，因此，在不同程度上减缓了奥氏体的形成过程。所以，为了获得均匀的奥氏体，大多数合金钢需加热到更高的温度，并需要保温更长的时间。

大多数合金元素（Mn 和 B 除外）有阻碍奥氏体晶粒长大的作用，而且合金钢中合金元素阻碍奥氏体晶粒长大的过程是通过碳化物实现的。在合金钢中碳化物以弥散质点的形式分布在奥氏体晶界上，机械地阻碍奥氏体晶粒长大。因此，大多数合金钢在加热时，不易过热。这样有利于合金钢淬火后获得细马氏体组织，也有利于通过适当提高加热温度，使奥氏体中溶入更多的合金元素，从而提高合金钢的淬透性（获得马氏体的能力）和力学性能。

（2）合金元素对钢材回火转变的影响　合金元素对钢材回火时组织与性能的变化，都有不同程度的影响。其主要影响是提高钢材的耐回火性，有些合金元素还造成二次硬化现象和产生回火脆性。

1）提高钢材的耐回火性。合金钢与非合金钢相比，回火的各个转变过程都将推迟到高的温度。在相同的回火温度下，合金钢的硬度高于非合金钢，使钢在较高温度下回火时仍能保持高硬度，这种淬火钢件在回火时抵抗软化的能力称为耐回火性。合金钢都有较好的耐回火性。若要获得相同的硬度，合金钢的回火温度则要高于非合金钢的回火温度，并且通过较高温度的回火过程更有利于消除内应力，提高钢材的塑性和韧性，因此，合金钢可获得更好的综合力学性能。

2）产生二次硬化。某些含有较多 W、V、Mo、Cr、Ti 元素的合金钢，在 500 ~ 600℃高温回火时，高硬度的碳化物（ W_2C、Mo_2C、VC、Cr_7C_3、TiC 等）以弥散的小颗粒状态析出，使钢的硬度升高。合金钢在一次或多次回火后提高其硬度的现象称为二次硬化。高速钢、工具钢和高铬钢在回火时都会产生二次硬化现象，二次硬化现象对于提高钢材的热硬性具有直接影响。综上所述，合金钢的力学性能比非合金钢好，主要是因为合金元素提高了钢材的淬透性和耐回火件，以及细化了奥氏体晶粒，使铁素体固溶强化效果增强所致。而且合金元素的作用大多要通过热处理才能发挥出来，因此，合金钢多在热处理下使用。

知识巩固

常用机械工程材料＿＿＿＿＿＿＿实践报告

实践名称	
实践目的	
实践用设备（或器材）	
实践步骤	

（续）

实践结果	编写试验数据表格
知识点巩固练习	1. 指出下列碳素钢牌号的含义： Q235　20　45　T8 2. 什么是合金钢？常用的合金钢有哪几种？ 3. 什么是铸铁？与钢相比，铸铁有什么性能特点？ 4. 根据碳在铸铁中存在的形式可将铸铁分为哪几类？各有何性能特点？ 5. 灰铸铁哪些性能优越于钢？ 6. 铝合金有何性能特点？ 7. 什么是黄铜？黄铜多应用于哪些领域？ 8. 什么是锡青铜？锡青铜有哪些应用？ 9. 钛及钛合金的主要性能特点是什么？ 10. 高分子材料性能有何特点？ 11. 试述工程塑料的类型和特性。 12. 复合材料有哪些特点？

课题 4

钢的热处理

能力目标

1. 掌握钢的退火处理概念，熟悉钢的退火处理工艺。
2. 掌握钢的正火处理概念，熟悉钢的正火处理工艺。
3. 掌握钢的淬火处理概念，熟悉钢的淬火处理工艺。
4. 掌握钢的回火处理概念，熟悉钢的回火处理工艺。

任务 1　45 钢和 T10 钢的退火处理

实施任务

1. 45 钢的退火处理

1）选择试样和仪器。

① 试样：45 钢，尺寸为 ϕ20mm × 18mm。

② 仪器：箱式电阻炉、布氏硬度计、洛氏硬度计。

③ 其他用具：砂纸、丙酮。

2）热处理前对 45 钢试样进行硬度测试。采用布氏硬度计对试样进行硬度测试，共测三次，取平均值。注意试样表面应光滑平坦，不应有氧化皮及油污等。本试验试样可用砂纸打磨和用丙酮清洗干净后进行测量。

3）将 45 钢试样放置于加热炉中加热，温度在 810 ~ 830℃ 范围内，并在此温度保持 20min。

4）试样随炉冷却到 500℃左右。

5）从炉中取出试样空冷至室温。

6）用砂纸将完全冷却后的试样表面的氧化皮和脱碳层打磨掉。

7）对热处理后的试样采用布氏硬度计进行硬度测试，共测三次，取平均值。

8）比较处理前后试样硬度的变化，参考表 4-1。

表 4-1　对实践结果的硬度要求

材　　料	布 氏 硬 度
45 钢	≤197HBW
T10 钢	160～255HBW

2. T10 钢的退火处理

1）选择试样和仪器。

① 试样：T10 钢，尺寸为 ϕ20mm×18mm。

② 仪器：箱式电阻炉、布氏硬度计、洛氏硬度计。

③ 其他用具：砂纸、丙酮。

2）热处理前对 T10 钢试样进行硬度测试。采用布氏硬度计对原始试样进行硬度测试，共测三次，取平均值。注意试样表面应光滑平坦，不应有氧化皮及油污等。本试验试样可用砂纸打磨和用丙酮清洗干净进行测量。

3）将 T10 钢试样放置于加热炉中加热，加热到 760～780℃，并在此温度保持 20min。

4）试样随炉冷却 550℃左右。

5）从炉中取出试样冷却至室温。

6）用砂纸将完全冷却后的试样表面的氧化皮和脱碳层打磨掉。

7）对热处理后的试样采用布氏硬度计进行硬度测试，共测三次取平均值。

8）比较处理前后试样硬度的变化，参考表 4-1。

知识链接

为使金属工件具有所需要的力学性能、物理性能和化学性能，除合理选用材料和各种成形工艺外，热处理工艺往往是必不可少的。钢铁是机械工业中应用最广泛的材料，钢铁显微组织复杂，可以通过热处理予以控制，所以钢铁的热处理是金属热处理的主要内容。另外，铝、铜、镁、钛等及其合金也都可以通过热处理改变其力学、物理和化学性能，以获得不同的使用性能。

金属热处理是将金属工件放在一定的介质中加热到适宜的温度，并在此温度中保持一定的时间后，又以不同速度冷却的一种工艺方法。

金属热处理工艺大体可分为整体热处理、表面热处理、局部热处理和化学热处理等。钢铁整体热处理大致有退火、正火、淬火和回火四种基本工艺。

4.1　钢的退火

4.1.1　退火的基础知识

1. 退火的概念

钢的退火是将钢加热到适当的温度，经过保温后缓慢冷却的热处理方法（见图 4-1）。

2. 退火的目的

退火是为了消除组织缺陷，改善组织，使成分均匀化，以及细化晶粒，提高钢的力学性能，减少残留应力；同时可降低硬度，提高塑性和韧性，改善切削加工性能。所以退火既为了消除和改善前道工序遗留的组织缺陷和内应力，又为后续工序做好准备，故退火是属于半成品热处理，又称为预备热处理。

3. 退火的种类

（1）完全退火 完全退火又称为重结晶退火，一般简称为退火，这种退火主要用于亚共析成分的各种碳钢和合金钢的铸、锻件及热轧型材，有时也用于焊接结构。一般常作为一些不重要工件的最终热处理，或作为某些工件的预备热处理。

完全退火操作是将亚共析钢工件加热至适当的温度，保温一定时间后，随炉缓慢冷却至500℃以下在空气中冷却。

完全退火全过程所需时间非常长，特别是对于某些奥氏体比较稳定的合金钢，往往需要数十小时，甚至数天的时间。

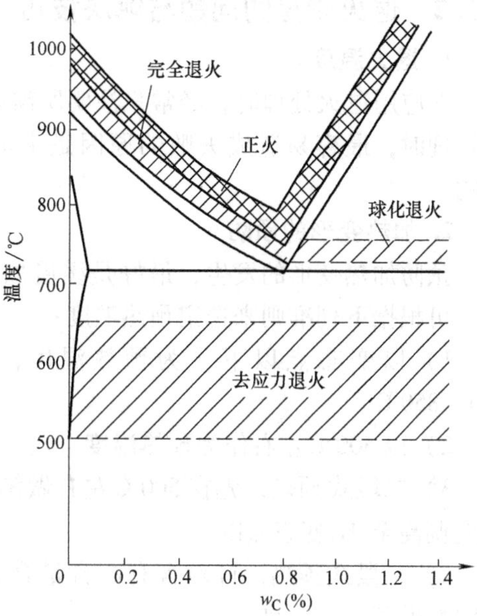

图4-1 退火和正火的加热温度范围

（2）球化退火 球化退火是在退火处理后能获得球状碳化物的一种处理方式，通过热处理使钢铁材料内部的层状或网状碳化物凝聚成为球状，改善钢材的切削性能及加工塑性，增加钢材的淬火后韧性，防止淬裂，也可改善钢材的淬火回火后的力学性能，提高钢材的使用寿命，特别是高碳的工具钢更是需要此种退火处理。

球化退火主要用于过共析碳钢及合金工具钢（如制造刃具、量具、模具所用的钢种）。其主要目的在于降低硬度，改善切削加工性，并为以后淬火做好准备。

过共析钢的组织为层片状的珠光体与网状的二次渗碳体，不仅珠光体本身较硬，而且由于网状渗碳体的存在，更增加了钢的硬度和脆性。这不仅给切削加工带来困难，而且还会引起淬火时产生变形和开裂。为了克服过共析钢的这一缺点，在热加工之后要安排一道球化退火工序，使网状二次渗碳体及珠光体中的片层状渗碳体都发生球化，变成球状的渗碳体，这种铁素体与球状的渗碳体机械混合物的组织称为球化体。它的硬度远低于层片状的珠光体与网状的二次渗碳体组织。为了便于球化过程的进行，对于网状较严重者，可在球化退火之前先进行一次正火。

（3）去应力退火 去应力退火又称为低温退火，这种退火主要用来消除铸件、锻件、焊接件、热轧件、冷拉件等的残留应力。如果这些应力不予消除，将会引起钢件在一定时间以后，或在随后的切削加工过程中产生变形或裂纹。

去应力退火操作一般是将钢件随炉缓慢加热（100～150℃/h）至500～650℃，经一段时间保温后，随炉缓慢冷却（50～100℃/h）至300～200℃出炉。

钢在去应力退火过程中并无组织变化，残留应力主要是通过钢在500～650℃保温后的缓慢冷却过程消除的。

4.1.2 退火常见的问题与解决技巧

1. 退火温度

在应用退火处理时，经常只注明所需的退火温度，然后让其在炉中冷却即可。在进行退火处理时，最容易造成失败的原因是未能维持炉中温度的均匀性，越大的炉子越有这种问题。

2. 加热变形的预防

预防加热变形的发生，最好是缓慢加热，并实施预热处理。一般钢材在选择预热温度时，可根据下列准则来选定预热温度：

1）以变态点以下作为预热温度，例如，普通钢约在 650 ~ 700℃，高速钢则在 800 ~850℃。

2）以500℃左右作为预热温度。

3）二段式预热，先在500℃左右做第一段预热，保持一段时间充分预热后，再将预热温度调高至 A_1 变态点以下。

4）三段式预热，针对含有高含量合金的大型钢材，例如高速钢，有时需要在1000 ~ 1050℃做第三段预热。

知识巩固

钢的退火处理　实践报告

实践名称	
实践目的	
实践用设备（或器材）	
实践步骤	
实践结果	编写试验数据表格
知识点巩固练习	1. 什么是钢的退火？其目的是什么？ 2. 简述退火的种类及其应用。 3. 预防变形有什么方法？

任务 2　45 钢和 T10 钢的正火处理

实施任务

1. 45 钢的正火处理

1）选择试样和仪器。

① 试样：45 钢，尺寸为 ϕ20mm×18mm。

② 仪器：箱式电阻炉、布氏硬度计、洛氏硬度计。

③ 其他用具：砂纸、丙酮。

2）热处理前对 45 钢试样进行硬度测试。采用布氏硬度计对试样进行硬度测试，共测三次，取平均值。注意试样表面应光滑平坦，不应有氧化皮及油污等。本试验试样可用砂纸打磨和用丙酮清洗干净后进行测量。

3）将 45 钢试样放置于加热炉中加热，加热到 810～830℃之间，并在此温度保持 20min。

4）将 45 钢试样从炉中取出空冷。

5）用砂纸将完全冷却后的试样表面的氧化皮和脱碳层打磨掉。

6）对热处理后的试样采用布氏硬度计进行硬度测试，共测三次，取平均值。

7）比较处理前后试样硬度的变化，参考表 4-2。

表 4-2　对实践结果的硬度要求

材　料	布氏硬度
45 钢	207HBW
T10 钢	255～321HBW

2. T10 钢的正火处理

1）选择试样和仪器。

① 试样：T10 钢，尺寸为 ϕ20mm×18mm。

② 仪器：箱式电阻炉、布氏硬度计、洛氏硬度计。

③ 其他用具：砂纸、丙酮。

2）热处理前对 T10 钢试样进行硬度测试。采用布氏硬度计对原始试样进行硬度测试，共测三次，取平均值。注意试样表面应光滑平坦，不应有氧化皮及油污等。本试验试样可用砂纸打磨和用丙酮清洗干净后进行测量。

3）将 T10 钢试样放置于加热炉中加热，加热到 830～850℃，并在此温度保持 20min。

4）将 T10 钢试样从炉中取出空冷。

5）用砂纸将完全冷却后的试样表面的氧化皮和脱碳层打磨掉。

6）对热处理后的试样采用布氏硬度计进行硬度测试，共测三次，取平均值。

7）比较处理前后试样硬度的变化，参考表 4-2。

知识链接

4.2 钢的正火

4.2.1 正火的基础知识

1. 正火的概念

将钢加热到临界点以上的适当温度，进行完全奥氏体化，然后在空气中冷却，这种热处理工艺称为正火（正火加热温度如图 4-1 所示）。

2. 正火的目的

正火适用于碳素钢及中、低合金钢，因为高合金钢的奥氏体非常稳定，即使在空气中冷却也会获得马氏体组织。对于低碳钢、低碳合金钢，可以细化晶粒，提高硬度（140～190HBW），改善切削加工性能；对于过共析钢，可以消除二次网状渗碳体，有利于球化退火的进行。

3. 正火工艺

正火的加热温度是工件在 Ac_3 或 A_{cm} 以上 30～50℃。保温时间主要取决于工件有效厚度和加热炉的型式，如在箱式炉中加热时，可以按每毫米有效厚度保温 1min 计算。保温后工件一般可在空气中冷却，但一些大型工件或在气温较高的夏天，有时也采用吹风或喷雾冷却。

正火后工件的强度、硬度、韧性都比退火后高，且塑性并不降低。

4. 正火的应用

正火与退火相比，钢的力学性能高，生产周期短，能耗少，故在可能条件下，应优先考虑采用正火处理。目前，正火的应用如下：

1）作为普通结构零件的最终热处理。

2）改善低碳钢和低碳合金钢的切削加工性能。

3）作为中碳结构钢制造的较重要零件的预备热处理。

4）消除过共析钢中网状二次渗碳体，为球化退火做好组织准备。

5）对一些大型的或形状较复杂的零件，淬火可能有开裂的危险性，常用正火代替淬火、回火处理，作为这类零件的最终热处理。

知识巩固

钢的正火处理 实践报告

实践名称	
实践目的	
实践用设备（或器材）	

（续）

实践步骤	
实践结果	编写试验数据表格
知识点巩固练习	1. 什么是钢的正火？其目的是什么？ 2. 简述正火的工艺过程。 3. 简述正火的应用。

任务 3　45 钢和 T10 钢的淬火处理

实施任务

1. 45 钢的淬火处理

1）选择试样和仪器。

① 试样：45 钢，尺寸为 ϕ20mm×18mm。

② 仪器：箱式电阻炉、布氏硬度计、洛氏硬度计。

③ 其他用具：砂纸、丙酮、水（20～30℃）。

2）热处理前对 45 钢试样进行硬度测试。采用洛氏硬度计对试样进行硬度测试，共测五次，取平均值。注意试样表面应光滑平坦，不应有氧化皮及油污等。本试验试样可用砂纸打磨和用丙酮清洗干净后进行测量。

3）将 45 钢试样放置于加热炉中加热至 810～830℃，并在此温度保持 20min。

4）将试样从炉中取出，迅速将试样放入水中，并不停地移动，破坏试样表面蒸汽膜的形成。同时水温控制在 40℃以下，还必须不断补充新水，冷却水要保持清洁，否则也会降低冷却能力。

5）用砂纸将热处理后的试样表面的氧化皮和脱碳层打磨掉。

6）对热处理后的试样采用洛氏硬度计进行硬度测试，共测五次，取平均值。

7）比较处理前后试样硬度的变化，参考表 4-3。

2. T10 钢的淬火处理

1）选择试样和仪器。

① 试样：T10 钢，尺寸为 ϕ20mm×18mm。

② 仪器：箱式电阻炉、布氏硬度计、洛氏硬度计。

表 4-3 对实践结果的硬度要求

材　料	洛氏硬度
45 钢	55HRC
T10 钢	62HRC

③ 其他用具：砂纸、丙酮、水（20～30℃）。

2）热处理前对 T10 钢试样进行硬度测试。采用洛氏硬度计对试样进行硬度测试，共测五次，取平均值。注意试样表面应光滑平坦，不应有氧化皮及油污等。本试验试样可用砂纸打磨和用丙酮清洗干净后进行测量。

3）将 T10 钢试样放置于加热炉中加热至 760～780℃，并在此温度保持 20min。

4）将试样从炉中取出，然后迅速将试样放入水中，并不停地移动，破坏试样表面蒸汽膜的形成。同时水温控制在 40℃以下，还必须不断补充新水，冷却水要保持清洁，否则也会降低冷却能力。

5）用砂纸将热处理后的试样表面的氧化皮和脱碳层打磨掉。

6）对热处理后的试样采用洛氏硬度计进行硬度测试，共测五次，取平均值。

7）比较处理前后试样硬度的变化，参考表 4-3。

知识链接

4.3 钢的淬火

4.3.1 淬火的基础知识

1. 淬火的概念

将工件加热保温后，在水、油或其他无机盐、有机水溶液等淬冷介质中快速冷却，以提高工件硬度及耐磨性的热处理工艺称为淬火。

2. 淬火的目的

淬火一般是为了获得马氏体，提高钢的力学性能。例如，各种工具钢，滚动轴承等工件的淬火，就是为了获得马氏体，以提高其硬度和耐磨性。

3. 淬火的加热温度

碳钢的淬火加热温度可利用碳钢的淬火加热温度范围来选择，如图 4-2 所示。

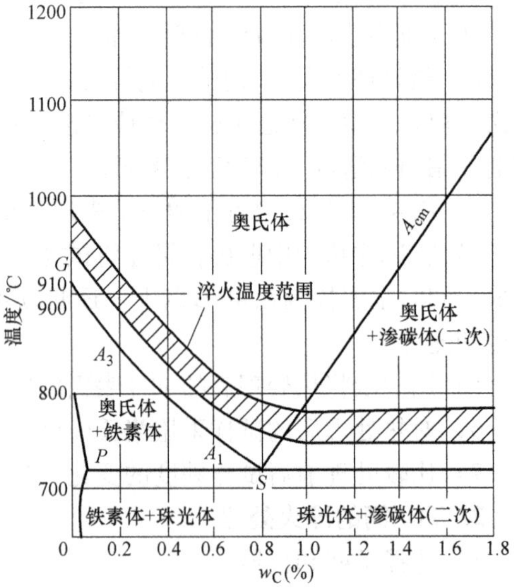

图 4-2 碳钢的淬火加热温度范围

对于亚共析碳钢，适宜的淬火温度为 A_3 以上 30～50℃，使碳钢完全奥氏体化，淬火后获得均匀细小的马氏体组织。对于过共析碳钢，适宜的淬火温度为 A_1 以上 30～50℃。淬火前先进行球化退火，使之得到粒状珠光体组织，淬火加热时组织为细小奥氏体晶粒和未溶的细粒状渗碳体，淬火后得到隐晶马氏体和均匀分布在马氏体基体上的细小粒状渗碳体组织。对于低合金钢，淬火加热温度也根据临界点 A_1 或 A_3 来确定，一般为 A_1 或 A_3 以上 50～100℃。高合金工具钢中含有较多的强碳化物形成元素，奥氏体晶粒粗化温度高，故淬火温度也高。

4. 钢的淬火冷却介质

淬火冷却时，既要快速冷却，以保证淬火工件获得马氏体组织，又要减少变形，防止裂纹产生。因此，冷却是关系到淬火质量高低的关键操作。

（1）理想淬火冷却速度　由共析钢过冷奥氏体等温转变曲线得知，要得到马氏体，淬火的冷却速度就必须大于临界冷却速度。但是淬火钢在整个冷却过程中并不需要都进行快速冷却，即在 650～400℃的温度范围内要快速冷却，而从淬火温度到 650℃之间，以及 400℃以下，特别是 300℃以下并不希望快冷。因为淬火冷却中工件截面的内外温度差会引起热应力。另外，由于钢中的比体积（单位质量物质的体积）不同，其中马氏体的比体积最大，奥氏体的比体积最小，因此，马氏体的转变将使工件的体积胀大，如冷却速度较大，工件截面上的内外温度差将增大，使马氏体转变不能同时进行而造成相变应力。冷却速度越大，热应力和相变应力越大，钢在马氏体转变过程中便容易引起变形与裂纹。

（2）常用淬火冷却介质　工件淬火冷却时，要使其得到合理的淬火冷却速度，必须选择适当的淬火冷却介质。目前生产中应用的冷却介质是水和油。当冷却介质为 20℃的自来水，工件温度在 200～300℃时，平均冷却速度为 450℃/s；工件温度在 340℃时，平均冷却速度为 775℃/s；工件温度在 500～650℃时，平均冷却速度为 135℃/s。因此，水的冷却特性并不理想，在需要快冷的 500～650℃温度范围内，它的冷却速度很小，而在 200～300℃需要慢冷时，它的冷却速度反而很大。

1）水。水是应用最早、最广泛、最经济的淬火冷却介质，它价廉易得、无毒、不燃烧，物理化学性能稳定，冷却能力强。通过控制水的温度、提高压力、增大流速、采用循环水、利用磁场作用等，均可以改善水的冷却特性，减少变形和开裂，获得比较理想的淬火效果。但由于这些方法需增加专门设备，且工件淬火后性能不是很稳定，所以没有能得到推广应用。所以说，纯水只适合于少数含碳量不高、淬透性低且形状简单的钢件淬火之用。

2）淬火油。用于淬火的矿物油通常以精制程度较高的中性石蜡基油为基础油，它具有闪点高、黏度低、油烟少、抗氧化性与热稳定性较好、使用寿命长等优点，适合于作为淬火油使用。淬火油只适用于淬透性好、工件壁厚不大、形状复杂、要求淬火变形小的工件。淬火油对周围环境的污染大，淬火时容易引起火灾。

影响淬火油冷却能力的主要因素是其黏度值，在常温下低黏度油比高黏度油冷却能力大，温度升高，油的流动性增加，冷却能力有所提高。适当提高淬火油的使用温度，也能使油的冷却能力提高。

3）熔盐，熔碱。这类淬火冷却介质的特点是在冷却过程中不发生物态变化，工件淬火主要靠对流冷却，通常在高温区域冷却速度快，在低温区域冷却速度慢，淬火性能优良，淬透力强，淬火变形小，基本无裂纹产生，但是对环境污染大，劳动条件差，耗能多，成本高，常用于形状复杂、截面尺寸变化悬殊的工件和工模具的淬火。熔盐有氯化钠、硝酸盐、亚硝酸盐等，工件在盐浴中淬火可以获得较高的硬度，而变形极小，不易开裂，通常用作等温淬火或分级淬火。其缺点是熔盐易老化，对工件有氧化及腐蚀的作用。熔碱有氢氧化钠、氢氧化钾等，它具有较大的冷却能力，工件加热时若未氧化，淬火后可获得银灰色的洁净表面，也有一定的应用。但熔碱蒸气具有腐蚀性，对皮肤有刺激作用，使用时要注意通风和采取防护措施。

(3) 新型淬火冷却介质及其应用　近年来，新型淬火冷却介质最引人注目的进展是有机聚合物淬火冷却介质的研究和应用。这类淬火冷却介质是将有机聚合物溶解于水中，并根据需要调整溶液的浓度和温度，配制成冷却性能满足要求的水溶液，它在高温阶段冷却速度接近于水，在低温阶段冷却速度接近于油。其优点是无毒，无烟无臭，无腐蚀，不燃烧，抗老化，使用安全可靠，且冷却性能好，冷却速度可以调节，适用范围广，工件淬硬均匀，可明显减少变形和开裂倾向，因此，能提高工件的质量，改善工作环境和劳动条件，给工厂带来节能、环保、技术和经济效益。目前，有机聚合物淬火冷却介质更在大批量、单一品种的热处理上用得较多，尤其对于水淬开裂，变形大，油淬不硬的工件，采用有机聚合物淬火冷却介质比淬火油更经济、高效、节能。从提高工件质量、改善劳动条件、避免火灾和节能的角度考虑，有机聚合物淬火冷却介质有逐步取代淬火油的趋势，是淬火冷却介质的主要发展方向。

有机聚合物淬火冷却介质的冷却速度受浓度、使用温度和搅拌程度三个基本参数的影响。一般来说，浓度越高，冷却速度越慢；使用温度越高，冷却速度越慢；搅拌程度越激烈，冷却速度越快。搅拌的作用很重要，可以使溶液浓度均匀；加强溶液的导热能力，从而保证淬火后工件硬度高且分布均匀，减少产生淬火软点和变形、开裂的倾向。

通过控制上述这些因素，可以调整有机聚合物淬火冷却介质的冷却速度，从而达到理想的淬火效果。一般来说，夏季使用的冷却介质浓度可低些，冬季使用的冷却介质浓度可高些，而且要有充分的搅拌。有机聚合物淬火冷却介质大多制成含水的溶液，在使用时可根据工件的特点和技术要求，加水稀释成不同的浓度，便可以得到具有多种淬冷烈度的淬火液，以适应不同的淬火需要。

不同种类的有机聚合物淬火冷却介质具有显著不同的冷却特性和稳定性，能适合不同淬火工艺需要。目前世界上使用最稳定、应用面最广的有机聚合物淬火冷却介质是聚烷二醇(PAG)类淬火冷却介质。这类淬火冷却介质具有逆溶性，可以配成比盐水慢而比较接近矿物油的不同淬冷烈度的淬火液，其浓度易测易控，可减少工件的变形和开裂，避免淬火软点的产生，使用寿命长，适合于各类感应加热淬火和整体淬火。

4.3.2　淬火处理常见问题与解决技巧

1. 用自来水做淬火冷却介质的两大缺点

用自来水淬火时工件容易淬裂、硬度不均且畸变大。用自来水作为淬火冷却介质的两大缺点：一是低温冷却速度太快，二是冷却特性对水温变化太敏感。为克服液体介质的上述缺点，可以采用以下几个办法：

1) 在单一的冷却阶段内冷却。选用那些特性温度高于工件的淬火加热温度的介质，使整个冷却过程都在沸腾阶段进行，通常使用的硝盐浴冷却就属于这类。或者完全在介质的特性温度以上冷却，使整个冷却过程都在蒸汽膜阶段进行。例如，在慢速的浆状介质中冷却高合金钢工件就属于此类。这是上等的解决办法。

2) 选用蒸汽膜阶段的长短对液温变化不敏感的介质，如各种淬火油。采用油淬火时，工件堆放得稍微密集一点，使不同部位的工件接触的油有一定的温度差异时，各部位接触的油的特性温度基本上没有差别，这就可以减小不同部位的冷却差异，从而减小工件的淬火畸变。

3）加入能减小介质液温敏感性的添加剂，如自来水中溶入一定量的无机盐或碱。

4）选用蒸汽膜阶段短的介质。形状复杂的工件，尤其是带较深内孔的工件，为减小淬火畸变，选用淬火油时，必须考虑到这一点。

5）降低水性介质的使用温度，来提高水的特性温度，并降低水的最高温升程度。如果能将水的特性温度提高到工件的加热温度以上，还可以免除特性温度麻烦。

6）降低工件的加热（或入液）温度，以缩短工件处于蒸汽膜阶段的时间。

7）通过增大工件之间的距离和加大介质的搅拌烈度等措施，减小工件周围的液温升高程度，以减小上述内应力。

一般情况下，同时选取上述几种办法，可以取得更好的效果。但现场要根据实际情况，避免某些有利于变形的因素相互叠加。例如，在油中做淬火冷却时，入油之初，工件温度高，塑性好，如果在油的特性温度问题引起的内应力的基础之上，加上强烈搅动引起的外来应力，就有可能在工件某些部位叠加成很大的应力，引起超差的塑性变形。

2. 淬火变形问题的解决办法

（1）导致淬火变形的因素

1）碳的质量分数对淬火变形的影响。高碳钢屈服强度的升高，其变形量要小于中碳钢。对碳素钢来说，在大多数情况下，以 T7A 钢的变形量为最小。当碳的质量分数大于 0.7% 时，多趋向于缩小；但碳的质量分数小于 0.7% 时，内径、外径都趋向于膨胀。

碳素钢本身屈服强度相对较低，因而带有内孔（或型腔）类的碳素钢件，变形较大，内孔（或型腔）趋于胀大。合金钢由于强度较高，*Ms*（钢奥氏体化后冷却时，其中奥氏体开始转变为马氏体的温度）点较低，残留奥氏体量较多，故淬火变形较小，并主要表现为热应力型的变形，其钢件内孔（或型腔）趋于缩小。因此，在与中碳钢同样条件下淬火时，高碳钢和高合金钢工件往往以内孔收缩为主。

2）合金元素对淬火变形的影响。合金元素对工件热处理变形的影响主要反映在对钢的 *Ms* 点和淬透性的影响上。大多数合金元素，例如，锰、铬、硅、镍、钼、硼等，使钢的 *Ms* 点下降，残留奥氏体量增多，减小了钢淬火时的比体积变化和组织应力，因此，减小了工件的淬火变形。合金元素显著提高钢的淬透性，从而增大了钢的体积变形和组织应力，导致工件热处理变形倾向的增大。此外，由于合金元素提高钢的淬透性，使临界淬火冷却速度降低，实际生产中，可以采用缓和的淬火冷却介质淬火，从而降低了热应力，减小了工件的热处理变形。硅对 *Ms* 点的影响不大，只对试样变形起缩小作用；钨和钒对淬透性和 *Ms* 点影响也不大，对工件热处理变形影响较小。故工业上所谓微变形钢，均含有较多量的硅、钨、钒等合金元素。

3）原始组织和应力状态对淬火变形的影响。工件淬火前的原始组织（例如，碳化物的形态、大小、数量及分布，合金元素的偏析，锻造和轧制形成的纤维方向）对工件的热处理变形有一定影响。球状珠光体比片状珠光体比体积大，强度高，所以经过预先球化处理的工件淬火变形相对要小。对于一些高碳合金工具钢，如 9Mn2V、CrWMn 和 GCr15 钢的球化等级对其热处理变形、开裂和淬火后变形的校正有很大影响，通常以 2.5 ~ 5 级球化组织为宜。调质处理不仅使工件变形量的绝对值减小，并使工件的淬火变形更有规律，从而有利于对变形的控制。

条状碳化物分布对工件的热处理变形有很大影响。淬火后平行于碳化物条带方向工件膨胀，与碳化物条带相垂直的方向则收缩，碳化物颗粒越粗大，条带方向的膨胀越大。对于 Cr12 类型钢和高速钢等莱氏体钢来说，碳化物的形态和分布对淬火变形的影响尤为显著。

总之，工件的原始组织越均匀，热处理变形越小，变形越有规律，越易于控制。

4）淬火前工件本身的应力状态对变形有重要影响。特别是形状复杂，经过大进给量切削加工的工件，其残留应力若未经消除，对淬火变形有很大影响。

5）工件几何形状对淬火变形的影响。几何形状复杂、截面形状不对称的工件（例如，带有键槽的轴、键槽拉刀、塔形工件等），淬火冷却时，一面散热快，另一面散热慢，是一种不均匀的冷却。如果在 *Ms* 以上的不均匀冷却引起的变形占优势，则冷却快的一面是凹面，若在 *Ms* 以下的不均匀冷却引起的变形占优势，则冷却快的一面是凸面，增加等温时间，增长贝氏体转变量，使残留奥氏体更加稳定，减少空冷中的马氏体转变量，可使工件的变形量显著减小。

（2）淬火变形的预防与控制

1）反向压弯法。根据轴类零件的热处理变形规律，可在淬火前预加一个应力，即在零件弯曲方向的反向压弯，以补偿淬火后所产生的弯曲变形，可减小校直工作量。该方法适用于截面明显不均匀、变形严重的零件。

2）静态淬火法。要求淬火冷却液的温度要均匀，并且是在淬火前刚被搅匀后的静止状态。将零件用钳子夹住，淬入冷却液中。这种方法可比用铅丝吊扎悬挂淬入变形量要小得多。

3）零件设计均匀对称。零件的截面形状设计应尽量均匀对称，必要时可开工艺用槽。例如，镗杆上有两条对称的槽，实际上只用一条，另一条就是为了减小热处理变形而设计的。

4）采用专用淬火夹具淬火。如果零件截面是对称的，在出炉后可套入专用夹具，然后以垂直方向淬入冷却液。由于零件变形受到夹具的限制，一般都可以控制在预留余量范围以内。

5）利用埋入式盐浴炉加热。插入式盐浴炉加热，零件单面受热快，容易产生弯曲变形，而埋入式盐浴炉则温度较均匀，而且节能，也可采用流动粒子炉。

6）直吊横放。对于长零件淬火前后的存放，应注意不使零件因自重而弯曲，最好采用架子直吊。长途运输时，可采用多个塑料气垫包装，这样不但能使零件自动取得平衡，且有减振作用。

7）淬火前消除应力。用于重要的容易变形的零件，如精密长丝杠等。淬火前进行退火或正火以细化晶粒，并使组织均匀化，减小内应力。淬火加热时严格控制加热温度。

8）淬火变形的机加工纠正法。以渗碳淬火齿轮轴为例，在渗碳前和淬火后的加工余量按标准很大，直接磨齿既不经济又不方便，硬度大，这时可以采用非金属黏合剂刀具 BN-S20，对淬硬工件进行大余量一次进给加工完成，BN-S20 牌号超硬刀具能够大余量切除淬硬层，替代大余量粗磨加工，可省去退火后再进行二次淬火的传统加工方法，节约了加工费用和相应的工序成本，并大幅度提高生产效率。

知识巩固

钢的淬火处理　实践报告

实践名称	
实践目的	
实践用设备（或器材）	
实践步骤	
实践结果	编写试验数据表格
知识点巩固练习	1. 什么是钢的淬火？其目的是什么？ 2. 怎样选择淬火加热温度？ 3. 什么是淬火加热时的过热？ 4. 什么是淬火加热时的过烧？ 5. 常用淬火冷却介质有哪几种？各有什么特点？ 6. 用自来水做淬火冷却介质的两大缺点是什么？ 7. 导致淬火变形的因素有哪些？ 8. 怎样预防与控制淬火变形？

任务4　45钢和T10钢的回火处理

实施任务

1. 45钢的回火处理

1）选择试样和仪器。

① 试样：经淬火后的45钢，尺寸为ϕ20mm×18mm。

② 仪器：箱式电阻炉、布氏硬度计、洛氏硬度计。

③ 其他用具：砂纸、丙酮。

2）热处理前对45钢试样进行硬度测试。采用布氏硬度计对试样进行硬度测试，共测五次，取平均值。注意试样表面应光滑平坦，不应有氧化皮及油污等。本试验试样可用砂纸打磨和用丙酮清洗干净后进行测量。

3）将淬火后的45钢试样重新加热到600℃，保温30min。

4）从炉中取出试样空冷至室温。

5）用砂纸将正火后的试样表面的氧化皮和脱碳层打磨掉。

6）对热处理后的试样采用洛氏硬度计进行硬度测试，共测五次，取平均值。

7）比较处理前后试样硬度的变化，参考表4-4。

表 4-4　对实践结果的硬度要求

回火温度/℃	45 钢(HRC)	T10 钢(HRC)
150 ~ 200	60 ~ 54	64 ~ 62
200 ~ 300	54 ~ 50	62 ~ 56
300 ~ 400	50 ~ 40	56 ~ 47
400 ~ 500	40 ~ 33	47 ~ 38
500 ~ 600	33 ~ 24	38 ~ 27

2. T10 钢的回火处理

1）选择试样和仪器。

① 试样：经淬火后的 T10 钢，尺寸为 ϕ20mm × 18mm。

② 仪器：箱式电阻炉、布氏硬度计、洛氏硬度计。

③ 其他用具：砂纸、丙酮。

2）热处理前对 T10 钢试样进行硬度测试。采用布氏硬度计对试样进行硬度测试，共测五次取平均值。注意试样表面应光滑平坦，不应有氧化皮及油污等。本试验试样可用砂纸打磨和用丙酮清洗干净后进行测量。

3）将淬火后的 T10 钢试样重新加热到 200℃，保温 30min。

4）从炉中取出试样空冷至室温。

5）用砂纸将正火后的试样表面的氧化皮和脱碳层打磨掉。

6）对热处理后的试样采用洛氏硬度计进行硬度测试，共测五次，取平均值。

7）比较处理前后试样硬度的变化，参考表 4-4。

知识链接

4.4　钢的回火

1. 回火的概念

回火是将淬火钢重新加热到临界温度以下某一温度，保温，然后冷却的热处理工艺。回火决定了钢在使用状态的组织和性能。

2. 回火的目的

1）降低脆性，消除或减少内应力。钢件淬火后存在很大内应力和脆性，如不及时回火，往往会使钢件发生变形甚至开裂。

2）获得工件要求的力学性能。工件经淬火后，硬度高而脆性大，为了满足各种工件不同性能的要求，可以通过适当回火的配合来调整硬度，减小脆性，得到所需要的韧性、塑性。

3）稳定工件尺寸。淬火马氏体和残留奥氏体在淬火钢中都是极不稳定的组织组成物，它们会自发地向稳定的铁素体或碳化物的两相混合物转变，从而引起工件尺寸和形状的继续改变。利用回火处理可以促使它充分转变到一定程度并使其组织结构稳定化，以保证工件在以后的使用中不再发生尺寸和形状的改变。

4）对于退火难以软化的某些合金钢，在淬火（或正火）后常采用高温回火，使钢中碳化物适当聚集，将硬度降低，以利于切削加工。

3. 淬火钢在回火时的转变

以共析碳钢为例，淬火后钢的组织由马氏体和残留奥氏体所组成，它们都是不稳定的，有自发转变为铁素体和渗碳体平衡组织的倾向。淬火钢的回火正是促使这种转变易于进行，这种转变称为回火转变。

在淬火钢中马氏体是比体积最大的组织，而奥氏体是比体积最小的组织。在发生回火转变时，必然会伴随明显的体积变化，如当马氏体发生分解时，钢的体积将减小；当残留奥氏体发生转变时，钢的体积将增大。因此，根据淬火钢在回火时的体积变化，就可以了解回火时的相变情况。

在小于 100℃ 回火时，钢的体积没有变化，表明淬火钢中没有明显的转变发生。经分析证明，此时只发生马氏体中碳原子的偏聚，而没有开始分解。

在 100～200℃ 回火时，钢的体积发生收缩，即发生回火的第一次转变（回火第一阶段），在此温度范围，马氏体开始分解，它的正方度减小，固溶在马氏体中的过饱和碳原子脱溶沉淀而析出 ε 碳化物（晶体结构为正交晶格，分子式为 $Fe_{2.4}C$），这种碳化物与马氏体保持共格联系。ε 碳化物不是一个平衡相，而是向 Fe_3C 转变前的一个过渡相。同时由于温度较低，马氏体中的碳并未全部析出，它们仍然含有过饱和的碳。所以在回火第一次转变后，钢的组织由过饱和 α 固溶体和与母相晶格联系的 ε 碳化物所组成，这种组织称为回火马氏体。

由于此时的碳化物极为细小，又与母相晶格联系，加之母相仍然是过饱和的固溶体，因而钢的硬度在回火第一阶段中不至于降低，共析和过共析碳钢的硬度甚至略有升高（图 4-3），这是因为它们所析出的 ε 碳化物数量较多，弥散硬化的效果较大所致。

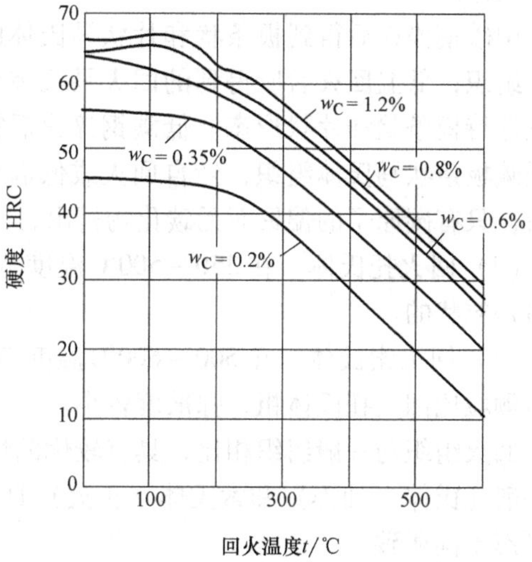

图 4-3　钢的硬度随回火温度的变化

在第一次转变后，继续加热到 200～300℃ 温度范围时，钢的体积又发生膨胀，这主要是因为在钢的组织中比体积最小的残留奥氏体发生分解所致。淬火碳钢中残留奥氏体自 200℃ 开始分解，至 300℃ 分解基本完成，一般转变为下贝氏体。这种转变称为回火第二次转变或回火第二阶段。在第二次转变终止时（300℃ 左右），在 α 固溶体中碳的质量分数约为 0.15%～0.2%。

在回火第二阶段中，虽然马氏体继续分解会降低钢的硬度，但是由于同时出现软的残留奥氏体分解为硬的下贝氏体，所以使钢的硬度并不显著降低。

当温度继续升高时，钢的体积又发生收缩，这表明，过饱和碳从 α 固溶体内继续析出，同时 ε 碳化物也在逐渐转变为 Fe_3C，一直延续至 400℃ 而告终。这种转变称为回火第三次转变或回火的第三阶段。显然，由于过饱和碳从 α 固溶体内析出，并出现稳定的与母相不再

有晶格联系的 Fe_3C 相，因而内应力大量消除。经第三次转变后，钢即由铁素体和渗碳体所组成。

继续升高温度，将使渗碳体质点发生聚合，从而得到较粗的组织，称为回火第四次转变或回火的第四阶段。

在回火的第四阶段（温度超过 400℃），α 固溶体的含碳量已降至平衡浓度。此时，α 固溶体已由体心正方晶格变为体心立方晶格，内部亚结构发生回复与再结晶，所产生的固溶强化作用已完全消失，而钢的硬度和强度则取决于渗碳体质点的尺寸和弥散度。回火温度越高，渗碳体质点越大，弥散度越小，则钢的硬度和强度越低，而韧性却有较大提高。

综上所述，淬火碳钢在回火时的转变，大致包括马氏体分解、残留奥氏体转变、碳化物聚集长大，以及 α 固溶体的回复与再结晶四个阶段。

淬火碳钢在回火过程中，马氏体的含量、残留奥氏体量、内应力及碳化物尺寸等随回火温度所发生的变化如图 4-4 所示。

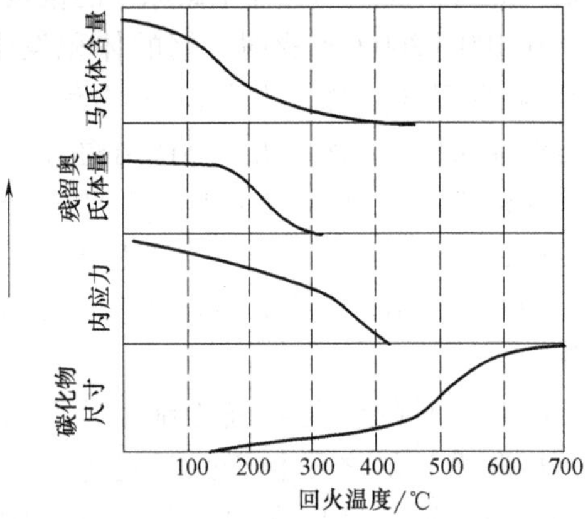

图 4-4　钢在回火时的变化

在碳钢回火各阶段所形成的组织大致为：

（1）回火马氏体　高碳淬火碳钢在 150～250℃低温回火时，由于ε碳化物的析出和残留奥氏体的部分分解而获得回火马氏体、残留奥氏体和下贝氏体的混合物组织，其中主要是回火马氏体。

中碳钢淬火后得到板条状和片状马氏体的混合组织；低温回火后所得到的回火马氏体也仍然保持板条状和片状形态。低碳钢淬火后得到低碳板条状马氏体组织，经自回火或低温回火后，只有碳原子的偏聚而无碳化物析出，其形态保持不变。

（2）回火托氏体　在 350～500℃温度范围内回火所得到的组织为回火托氏体，它的渗碳体是粒状的。

（3）回火索氏体　在 500～600℃温度范围内回火所得到的组织为回火索氏体，它的渗碳体颗粒比回火托氏体粗，弥散度较小。

回火组织与一般组织相比，具有较优的性能。如硬度相同时，回火托氏体和回火索氏体比一般托氏体（油淬）和索氏体（正火）具有较高的强度、塑性和韧性。这主要是因为组织形态不同所致。

4. 回火的种类及应用

根据一般钢件的不同性能要求，按回火温度范围不同，可将钢的回火分为以下几种：

（1）低温回火（150～250℃）　低温回火后的组织为回火马氏体，它由过饱和的 α 相和与其共格的 ε-$Fe_{2.4}C$ 组成。其形态仍保留淬火马氏体的片状或板条状。

低温回火的主要目的是保持淬火马氏体的高硬度（58～62HRC）和高耐磨性，降低淬火应力和脆性。它主要用于各种高碳钢的刃具、量具、冲模、滚动轴承和渗碳工件。

（2）中温回火（350～500℃）　中温回火后的组织为回火托氏体，它由尚未发生再结晶的针状铁素体和弥散分布的极细小的片状或粒状渗碳体组成，其形态仍为淬火马氏体的片状或板条状。

中温回火的主要目的是获得高的屈强比，高的弹性极限和高的韧性，回火托氏体的硬度为35～45HRC。中温回火主要用于处理各种弹簧、锻模。

（3）高温回火（500～650℃）　高温回火后的组织为回火索氏体，它由已再结晶的铁素体和均匀分布的细粒状渗碳体组成。由于铁素体发生了再结晶，失去了原来淬火马氏体的片状或板条状形态，呈现为多边形颗粒状，同时渗碳体聚集长大。

高温回火主要是为了得到强度、塑性和韧性都较好的综合力学性能。将淬火和高温回火相结合的热处理称为调质处理。调质处理广泛应用于各种重要的结构零件，特别是在交变负荷下工作的连杆、螺栓、齿轮及轴等。

除了以上三种常用的回火方法外，某些高合金钢还在640～680℃进行软化回火。某些量具等精密工件，为了保持淬火后的高硬度及尺寸的稳定性，有时需要在100～150℃进行长时间的加热（10～50h），这种低温长时间的回火称为尺寸稳定处理或时效处理。

从以上各温度范围中可看出，没有在250～350℃进行回火，因为这是钢容易发生不可逆回火脆性的范围。

5. 回火脆性的种类

（1）250～350℃脆化　又称为不可逆回火脆性，大多发生在碳钢及低合金钢。

（2）400～550℃脆化　通常构造用合金钢在此温度范围易产生脆化现象。

（3）475℃脆化　特别指Cr的质量分数超过13%的不锈钢，在400～550℃间施以回火处理时，产生硬度增加而脆化的现象，在475℃左右特别显著。

（4）500～570℃脆化　常见于加工工具钢、高速钢等材料，在此温度会析出碳化物，造成二次硬化，但也会导致脆性的提高。

6. 合金元素对回火处理的影响

淬火合金钢进行回火时，其组织转变与碳钢相似。但由于合金元素的加入，使其在回火转变时具有如下特点：

（1）提高淬火钢的耐回火性　淬火钢在回火时，抵抗强度、硬度下降的能力称为耐回火性。

（2）产生二次硬化　淬火合金钢在500～600℃温度范围回火时，硬度升高的现象称为二次硬化。

（3）产生回火脆性　淬火合金钢在某一温度范围内回火时，出现冲击韧度剧烈下降的现象，称为回火脆性。

知识巩固

钢的回火处理　实践报告

实践名称	
实践目的	
实践用设备（或器材）	

（续）

实践步骤	
实践结果	编写试验数据表格
知识点巩固练习	1. 什么是钢的回火？其目的是什么？ 2. 回火有哪些种类？ 3. 什么是时效处理？ 4. 试分析碳钢回火各阶段所形成的组织。 5. 什么是二次硬化？ 6. 什么是回火脆性？

知识拓展

钢的调质热处理

调质是淬火加高温回火的双重热处理，其目的是使工件具有良好的综合力学性能。

调质淬火时，要求工件整个截面淬透，使工件得到以细针状淬火马氏体为主的显微组织。通过高温回火，得到以均匀回火索氏体为主的显微组织。淬火后的硬度必须达到该材料的淬火硬度，回火后硬度按要求来检查。

1. 45 钢的调质

45 钢是中碳结构钢，冷热加工性能及力学性能较好，应用广泛。它的最大弱点是淬透性低，截面尺寸大和要求比较高的工件不宜采用。

45 钢淬火温度在 A_3 以上 30～50℃，在实际操作中，一般是取上限的。偏高的淬火温度可以使工件加热速度加快，表面氧化减少，且能提高工效。为使工件的奥氏体均匀化，就需要足够的保温时间。如果实际装炉量大，就需适当延长保温时间。否则，可能会出现因加热不均匀造成硬度不足的现象。但保温时间过长，也会出现晶粒粗大、氧化脱碳严重的弊病，影响淬火质量。如装炉量大于工艺文件的规定，加热保温时间需延长 1/5。因为 45 钢淬透性低，故应采用冷却速度大的 10%（质量分数）盐水溶液。工件入水后，应该淬透，但不是冷透，如果工件在盐水中冷透，就有可能使工件开裂，这是因为当工件冷却到 180℃左右时，奥氏体迅速转变为马氏体，造成过大的组织应力。因此，当淬火工件快冷到该温度区域，就应采取缓冷的方法。由于出水温度难以掌握，须凭经验操作，当水中的工件抖动停止，即可出水空冷（如能油冷更好）。另外，工件入水宜动不宜静，应按照工件的几何形状，做规则运动。静止的冷却介质加上静止的工件，导致硬度不均匀，应力不均匀而使工件变形大，甚至开裂。

45 钢调质件淬火后的硬度应该达到 56～59HRC，截面大的可能性低些，但不能低于 48HRC，不然，就说明工件未得到完全淬火，组织中可能出现索氏体甚至铁素体组织，这种组织通过回火，仍然保留在基体中，达不到调质的目的。

45 钢淬火后的高温回火，加热温度通常为 560～600℃，硬度要求为 22～34HRC。因为调质的目的是得到综合力学性能，所以硬度范围比较宽。但图样有硬度要求的，就要按图样要求调整回火温度，以保证硬度。如有些轴类零件要求强度高，硬度要求就高；而有些齿轮、带键槽的轴类零件，因调质后还要进行铣、插加工，硬度要求就低些。回火保温时间视硬度要求和工件大小而定，回火后的硬度取决于回火温度，与回火时间关系不大，但必须回透，一般工件回火保温时间总在 1h 以上。

2. 40Cr 的调质处理

Cr 能增加钢的淬透性，提高钢的强度和耐回火性，使钢具有优良的力学性能。截面尺寸大或重要的调质工件，应采用 Cr 钢，但 Cr 钢有第二类回火脆性。

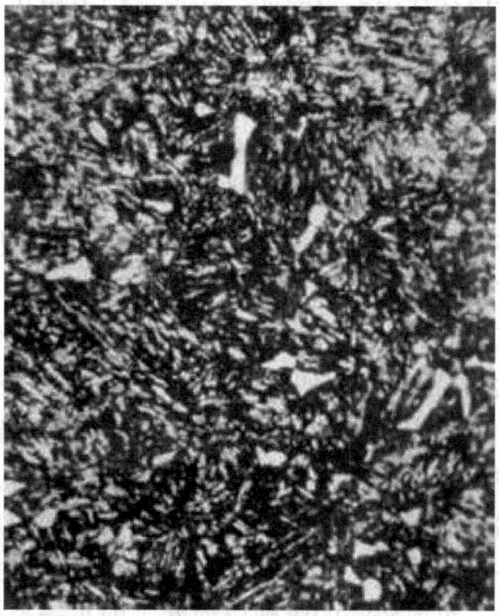

图 4-5　40Cr 调质晶相组织

40Cr 调质晶相组织如图 4-5 所示，40Cr 工件调质的淬火和回火，各种参数工艺卡片都有规定。

1）40Cr 工件淬火后应采用油冷。40Cr 的淬透性较好，在油中冷却能淬硬，而且工件的变形、开裂倾向小。但是小型企业在供油紧张的情况下，对形状不复杂的工件，可以在水中淬火，并未发现开裂，只是操作者要凭经验严格掌握入水、出水的温度。

2）40Cr 工件调质后硬度仍然偏高，第二次回火温度就要增加 20～50℃，否则，硬度降低困难。

3）40Cr 工件高温回火后，形状复杂的在油中冷却，形状简单的在水中冷却，目的是避免第二类回火脆性的影响。回火快冷后的工件，必要时再施以消除应力处理。

操作水平是影响调质工件质量的重要因素，同时还有设备、材料和调质前加工等多方面的原因：

1）工件从加热炉转移到冷却槽速度缓慢，工件入水的温度已降到低于 Ar_3 临界点，产生部分分解，工件得到不完全淬火组织，达不到硬度要求。所以小零件冷却液要讲究速度，大工件预冷要掌握时间。

2）工件装炉量要合理，以1~2层为宜，工件相互重叠造成加热不均匀，导致硬度不均匀。

3）工件入水排列应保持一定距离，排列过密使工件近处蒸汽膜破裂受阻，造成工件接近面硬度偏低。

4）开炉淬火，不能一口气淬完，应视炉温下降程度，中途闭炉重新升温，以便前后工件淬后硬度一致。

5）要注意冷却液的温度，10%（质量分数）盐水的温度如高于60℃，则不能使用。冷却液不能有油污、泥浆等杂质，否则，会出现硬度不足或不均匀的现象。

6）未经加工的毛坯调质，硬度不会均匀，如要得到好的调质质量，毛坯应粗车，棒料要锻打。

7）严把质量关，淬火后硬度偏低1~3个单位，可以调整回火温度来达到硬度要求。但淬火后工件硬度过低，有的甚至只有25~35HRC，必须重新淬火，绝不能只施以中温或低温回火以达到图样要求完事，不然，失去了调质的意义，并有可能产生严重的后果。

钢的表面淬火

表面淬火是对工件表层进行淬火的工艺。它将工件表面进行快速加热，使其奥氏体化并快速冷却获得马氏体组织，而心部仍保持原来塑性、韧性较好的退火、正火或调质状态的组织。表面淬火后需进行低温回火，以减小淬火应力和降低脆性。表面淬火可有效提高工件表面层的硬度和耐磨性，达到外硬内韧的效果，并可造成表面层压应力状态，提高疲劳强度，延长工件的使用寿命。

1. 感应加热表面淬火

感应加热表面淬火是把工件放入由空心铜管绕成的感应线圈中，当感应线圈通以交流电时，便会在工件内部感应产生频率相同、方向相反的感应电流。感应电流在工件内自成回路，故称为“涡流”。涡流在工件截面上的分布是不均匀的，表面电流密度最大，心部电流密度几乎为零，这种现象称为趋肤效应。由于钢本身具有电阻，因而集中于工件表面的涡流，几秒钟内可使工件表面温度升至800~1000℃，而心部温度仍接近室温，在随即喷水（合金钢浸油）快速冷却后，就达到了表面淬火的目的。

感应加热时，工件截面上感应电流密度的分布与通入感应线圈中的电流频率有关。电流频率越高，感应电流集中的表面层越薄，淬硬层深度越小。因此可通过调节通入感应线圈中的电流频率来获得工件不同的淬硬层深度，一般零件淬硬层深度为半径的1/10左右。对于小直径（10~20mm）的零件，适宜用较深的淬硬层深度，可达半径的1/5，对于大截面零件，可取较浅的淬硬层深度，即小于半径的1/10。

2. 火焰加热表面淬火

火焰加热表面淬火是用乙炔-氧火焰（最高温度3200℃）或煤气-氧火焰（最高温度2000℃），对工件表面进行快速加热，并随即喷水冷却。淬硬层深度一般为2~6mm。该方法适用于单件小批量生产，以及大型零件（如大型轴类、模数齿轮等）的表面淬火。火焰加热表面淬火的优点是设备简单，成本低，灵活性大，缺点是加热温度不易控制，工件表面易过热，淬火质量不够稳定。

3. 激光加热表面淬火

激光加热表面淬火是以高能量激光束扫描工件表面，使工件表面快速加热到钢的临界点以上，利用工件基体的热传导实现自冷淬火，实现表面相变硬化。

激光加热表面淬火加热速度极快（105～106℃/s），因此过热度大，相变驱动力大，奥氏体形核数目剧增，扩散均匀化来不及进行，奥氏体内碳及合金浓度不均匀性增大，奥氏体中碳含量相似的微观区域变小，随后的快冷（104℃/s）中不同微观区域内马氏体形成温度有很大差异，产生细小马氏体组织。由于快速加热，珠光体组织通过无扩散转化为奥氏体组织；由于快速冷却，奥氏体组织通过无扩散转化为马氏体组织，同时残留奥氏体量增加，碳来不及扩散，使过冷奥氏体碳含量增加，马氏体中碳含量增加，硬度提高。

激光加热表面淬火后，工件表层获得极细小的板条马氏体和孪晶马氏体的混合组织，且位错密度极高，表层硬度比淬火＋低温回火提高20%，即使是低碳钢，也能提高一定的硬度。

激光淬火硬化层深度一般为0.3～1mm，硬化层硬度值一致。随零件正常相对接触摩擦运动，表面虽然被磨去，但新的相对运动接触面的硬度值并未下降，耐磨性仍然很好，因而不会发生常规表面淬火层由于接触摩擦，磨损随之加剧的现象，耐磨性提高了50%，工件使用寿命提高了几倍甚至十几倍。

激光加热表面淬火最佳的原始组织是调质组织，淬火后零件变形极小，表面质量很高，特别适用于拐角、沟槽、不通孔底部及深孔内壁的热处理，而这些部位是其他表面淬火方法极难做到的。

化学热处理

化学热处理是通过改变金属和合金工件表层的化学成分、组织和性能的金属热处理方法。

1. 化学热处理简介

化学热处理的工艺过程一般是：将工件置于含有特定介质的容器中，加热到适当温度后保温，使容器中的介质（渗剂）分解或电离，产生的能渗入元素的活性原子或离子在保温过程中不断地被工件表面吸附，并向工件内部扩散渗入，以改变工件表层的化学成分。通常，在工件表层获得高硬度、耐磨损和高强度的同时，心部仍保持良好的韧性，使被处理工件具有抗冲击载荷的能力。每一种化学热处理工艺都有其特点，如果需要分别或同时提高耐磨、减摩、抗咬死、耐蚀、抗高温氧化和耐疲劳性能，则根据工件的材质和工作条件选择相应的化学热处理工艺。

随着化学热处理理论和工艺的逐步完善，自20世纪初开始，化学热处理已在工业中得到广泛应用。随着机械制造和军事工业的迅速发展，对产品的各种性能指标也提出了越来越高的要求。除渗碳外，又研究和完善了渗氮、碳氮和氮碳共渗、渗铝、渗铬、渗硼、渗硫、硫氮和硫氮碳共渗，以及其他多元共渗工艺。

2. 化学热处理的分类

按渗入元素的性质不同，化学热处理可分为渗非金属和渗金属两大类。前者包括渗碳、渗氮、渗硼和多种非金属元素共渗，如碳氮共渗、氮碳共渗、硫氮共渗、硫氮碳（硫氰）共渗等；后者主要有渗铝、渗铬、渗锌，钛、铌、钽、钒、钨等也是常用的表面合金化元素，二元、多元渗金属工艺，如铝铬共渗、钽铬共渗等均已用于生产。此外，金属与非金属元素的二元或多元共渗工艺也不断涌现，例如，铝硅共渗、硼铬共渗等。

3. 钢的化学热处理

钢的化学热处理可按进行扩散时的基本组织不同，区分为铁素体化学热处理和奥氏体化学热处理。前者的扩散温度低于铁氮共析温度，如渗氮、渗硫、硫氮共渗、氧氮共渗等，这些工艺又可称为低温化学热处理；后者是在临界温度以上扩散，如渗碳、渗硼、渗铝、碳氮共渗等，这些工艺均属高温化学热处理范围。

1）渗碳是使碳原子渗入钢制工件表层的化学热处理工艺。渗碳后，工件表面碳的质量分数一般高于0.8%。淬火并低温回火后，在提高硬度和耐磨性的同时，心部能保持相当高的韧性，可承受冲击载荷，疲劳强度较高。但缺点是处理温度高，工件畸变大。

渗碳工艺广泛应用于飞机、汽车、机床等设备的重要零件中，如齿轮、轴和凸轮轴等。渗碳是应用最广、发展得最全面的化学热处理工艺。用微处理机可实现渗碳全过程的自动化，能控制表面含碳量和碳在渗层中的分布。

2）渗氮是使氮原子向金属工件表层扩散的化学热处理工艺。钢铁渗氮后，可形成以氮化物为主的表层。当钢中含有铬、铝、钼等氮化物时，可获得比渗碳层更高的硬度，更高的耐磨、耐蚀和抗疲劳性能。渗氮主要用于对精度、畸变量、疲劳强度和耐磨性要求都很高的工件，例如，镗床主轴、镗杆，磨床主轴，气缸套等。

3）碳氮共渗和氮碳共渗是在金属工件表层同时渗入碳、氮两种元素的化学热处理工艺。碳氮共渗以渗碳为主，与渗碳相比，共渗件淬冷的畸变小，耐磨和耐蚀性高，抗疲劳性能优于渗碳，20世纪70年代以来，碳氮共渗工艺发展迅速，不仅用在若干种汽车、拖拉机零件上，也比较广泛地用于多种齿轮和轴类的表面强化；氮碳共渗则以渗氮为主，它的主要特点是渗速较快，生产周期短，表面脆性小且对工件材质的要求不严，不足之处是工件渗层较薄，不宜在高载荷下工作。

4）渗硼是使硼原子渗入工件表层的化学热处理工艺。硼在钢中的溶解度很小，主要是与铁和钢中某些合金元素形成硼化物。渗硼件的耐磨性高于渗氮和渗碳层，而且有较高的热稳定性和耐蚀性。渗硼层脆性较大，难以变形和加工，故工件应在渗硼前精加工。这种工艺主要用于中碳钢、中碳合金结构钢零件，也用于钛等有色金属和合金的表面强化。

渗硼工艺已在承受磨损的磨具、受到磨粒磨损的石油钻机的钻头、煤水泵零件、拖拉机履带板、在腐蚀介质或较高温度条件下工作的阀杆、阀座等中获得应用。但渗硼工艺还存在处理温度较高、畸变大、熔盐渗硼件清洗较困难和渗层较脆等缺点。

5）渗硫是通过硫与金属工件表面反应而形成薄膜的化学热处理工艺。经过渗硫处理的工件，其硬度较低，但减摩作用良好，能防止摩擦副表面接触时因摩擦热和塑性变形而引起的擦伤和咬死。

6）硫氮共渗、硫氮碳共渗是将硫、氮或硫、氮、碳同时渗入金属工件表层的化学热处理工艺。采用渗硫工艺时，渗层减摩性好，但在载荷较高时渗层会很快被破坏。采用渗氮或氮碳共渗工艺时，渗层有较好的耐磨、抗疲劳性能，但减摩性欠佳。硫氮或硫氮碳共渗工艺，可使工件表层兼具耐磨和减摩等性能。

7）渗金属是将一种或数种金属元素，渗入金属工件表层的化学热处理工艺。金属元素可同时或先后以不同方法渗入。在渗层中，它们大多以金属间化合物的形式存在，能分别提高工件表层的耐磨、耐蚀、抗高温氧化等性能。常用的渗金属工艺有渗铝、渗铬、渗锌等。

有色金属材料的性能改善

有色金属和合金的性能，取决于成分、组织、加工过程和热处理过程。

1. 有色金属的强化途径

（1）冷变形强化 冷变形强化也称作冷作硬化。有色金属材料在再结晶温度以下的变形称为冷变形。冷变形后材料即被强化，强化程度随变形程度、变形温度及材料本身性质有关。同种材料在同一温度下冷变形时，变形程度越大，则强度越高，但延伸率降低。

冷变形强化是有色金属材料常用的强化方式之一，适用于工业纯材、固溶体型合金及热处理不强化的多相合金。

（2）固溶强化 合金元素固溶到基体金属中形成固溶体时，合金的强度、硬度一般都会得到提高，称为固溶强化。可贵的是，对合金进行固溶强化时，强度、硬度得到提高的同时，塑性还能保持在良好的水平上。

采用固溶强化合金时，应挑选强化效果高的合金元素。但更重要的是选择在基体金属中固溶度大的合金元素，因为固溶体强化效果随被固溶的元素百分含量增大而增加（例如，Cu、Mg是Al合金的主要合金元素；Al、Zn是Mg合金的主要合金元素；Zn、Al、Sn是Cu合金的主要合金元素）。

（3）沉淀强化 在固溶度随温度降低而减小的合金系中，当合金元素含量超过一定限度后，淬火可获得过饱和固溶体。在较低温度加热（时效），过饱和固溶体发生分解，析出弥散相，引起合金的强化，称为沉淀强化。通过这种强化方法，合金的强度可以提高百分之几十至几倍。沉淀强化是Al、Mg、Cu等有色金属材料常用的有效强化手段。

沉淀强化的效果取决于合金的成分、淬火后固溶体过饱和度、强化相特性、分布以及弥散度等因素。

（4）过剩相强化 过量的合金元素加入到基体金属中，一部分溶入固溶体，超过极限溶解度的部分则不能溶入，形成过剩第二相，简称过剩相。过剩相对合金一般都有强化作用，其强化效果与过剩相本身性能有关，过剩相的强度、硬度越高，强化效果越大。但硬脆过剩相含量超过一定限度后，合金变脆，性能反而降低。此外，还与过剩相的形态、大小、数量和分布有关。等轴、细小和均匀分布时的强化效果最好。粗大、沿晶界分布或呈针状时合金变脆，强度也不高。另外，合金强度还与过剩相与基体之间的界面强度有关。

过剩相强化与沉淀强化有相似之处。其区别在于，沉淀强化时，强化相极为细小，弥散度大，在光学显微镜下观察不到；而在过剩相强化合金时，强化相粗大，用光学显微镜低倍即能看到。

（5）组织细化强化 组织细化，对单相合金来说是指晶粒细化，对多相合金来说是指基体相晶粒的细化及过剩相的细化。细化组织可以提高材料在室温下的强度和塑性，是金属材料常用的强韧化方法之一。

晶界上原子排列错乱，杂质富集，并有大量位错等缺陷，而且晶界两侧的晶粒位向不同，这些都阻碍位错从一个晶粒向另一个晶粒运动。晶粒越细小，单位体积内界面面积越大，对位错运动的阻力也越大，合金的强度越高。

在熔炼浇注合金时，采用避免金属溶液过热、搅动、降低浇注温度、增大冷却速度等措施，有利于获得细晶粒铸件。

对于变形合金的组织细化，一般可采用变形及再结晶方法。

铸造合金的组织细化可采用变质处理，即浇注前在合金溶液中加入被称为变质剂的元素或化合物，使金属溶液的结晶过程受到影响，结晶为细密组织。

（6）纤维增强复合强化　用高强度纤维同适当基体材料相结合，以强化基体材料的方法，称为纤维增强复合强化。

增强纤维有碳纤维、难熔化合物纤维（Al_2O_3、SiC、BN、TiB_2 等）和难熔金属纤维（钨、钼等）。

金属基体材料主要有铝、钛、镍、镁等。

金属基复合材料的强化机理与固溶强化、弥散强化等不同。主要不是靠阻碍位错运动，而是靠纤维与基体之间良好的结合强度。由于基体材料的良好塑性和韧性，纤维高的强度使整个材料具有很高的抗拉强度以及优异的韧性。

2. 有色金属热处理简介

（1）退火　在有色金属材料的半成品或者成品中常常存在有残留应力、成分不均匀、组织不稳定等缺陷，严重影响合金的工艺性能和使用性能，例如，塑性低、耐蚀性差、力学性能差等。要消除或者减少这些缺陷，则需要进行退火处理。退火有去应力退火、再结晶退火和均匀化退火三种形式，如图 4-6 所示。

1）去应力退火是把合金加热到一个较低温度（低于材料再结晶开始温度），保持一定时间，以缓慢的速度冷却的热处理工艺。冷却速度视合金能否热处理强化而定，对可热处理强化的合金要缓慢冷却。

铸件、焊接件、切削加工件、塑性变形件的内部往往存在很大的残留应力，使合金的应力腐蚀倾向大大增加，组织及力学性能稳定性显著降低，因此，必须进行去应力退火。

2）再结晶退火是把工件加热到再结晶温度以上，保持一定时间，然后缓慢冷却的工艺。

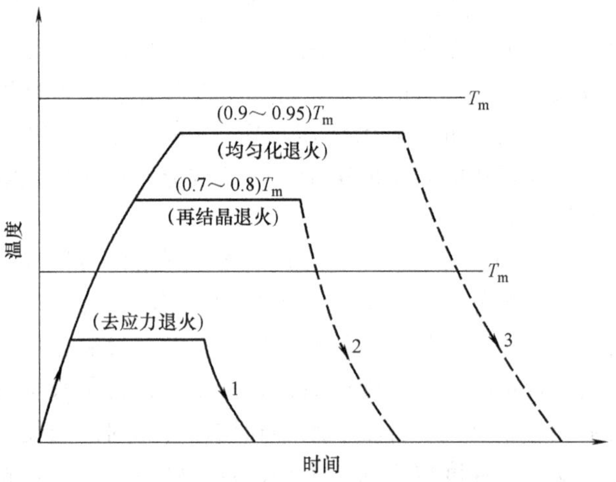

图 4-6　去应力退火、再结晶退火和均匀化退火规范示意图

再结晶退火的目的是细化晶粒，充分消除内应力，降低合金的强度和硬度，提高塑性。根据现有工业有色金属合金再结晶退火温度统计表明，最佳再结晶退火温度为（0.7～0.8）T_m（T_m 为合金熔点的绝对温度）。

再结晶退火后合金的强度、硬度降低，塑性变形能力显著提高。因此在材料冷变形加工过程中，当加工硬化使变形难以继续进行时，常对材料进行再结晶退火，使其软化，这种便于继续变形加工的退火称为中间退火。

3）均匀化退火，在浇注铸件和铸锭时，由于冷速过快，会使结晶在不平衡状态下进行。常常出现偏析、不平衡共晶体、第二相晶粒粗大，以及硬脆相沿晶界分布等缺陷，使合金的强度、硬度及耐蚀性严重降低。为消除此类缺陷，必须进行均匀化退火，即将合金加热到接近熔点的温度，保持一定时间，然后缓慢冷却。

在均匀化退火过程中，温度高，原子扩散快，枝状偏析消失，沿晶界分布的不平衡共晶体和不平衡相被溶解。在均匀化温度下是过饱和固溶体，保温过程中将析出过剩相。有的过剩相可能被球化，从而显著提高合金的塑性以及组织稳定性。合金化程度较高的变形合金铸锭，一般都进行均匀化退火，以提高它们的塑性变形能力。

（2）固溶处理（淬火）　对第二相在基体相中的固溶度随温度降低而显著减小的合金，可将它们加热至第二相能全部或最大限度地溶入固溶体的温度，保持一定时间后，以快于第二相自固溶体中析出的速度冷却（淬火），即可获得过饱和固溶体。这种获得过饱和固溶体的热处理过程称为固溶处理或淬火。

固溶处理（淬火）是有色金属合金强化热处理的第一个步骤。固溶处理（淬火）后，一般随即进行第二个步骤——时效，合金即可得到显著强化。

有色金属合金经固溶处理（淬火），塑性和耐蚀性一般都显著提高，强度变化则不一样，大多数有所增加，但也有降低的。

1）有色金属合金固溶处理（淬火）的目的是把合金在高温的固溶体组织固定到室温，获得过饱和固溶体，以便在随后的时效中使合金强化。

钢淬火一般是为了得到马氏体，使合金大大强化，随后回火，根据需要调整其性能。有些有色金属合金，如 Ti、Cu-Zn 等固溶处理（淬火）也可以得到马氏体组织，但这些合金的马氏体是置换式过饱和固溶体，因此它们的马氏体硬度比基体金属增加的不多，达不到显著强化合金的目的。

2）影响固溶处理（淬火）的主要因素有加热温度、保温时间和冷却速度。加热温度一般又称为淬火温度。淬火温度越高，保温时间越长，则强化相溶解越充分，合金元素在晶格中的分布越均匀，同时晶格中的空位浓度增加也越多。以上这些因素的结合，可以很好地促进时效效果的提高。

3）影响固溶处理（淬火）的介质。根据合金性质，选择水、热水或者油作为固溶处理的介质。

（3）时效　有色金属淬火后形成不稳定组织（亚稳定组织）。这种组织为了向稳定组织发展而进行固溶体分解和析出过剩溶质原子。在室温下进行的过饱和固溶体的分解称为自然时效。但对多数合金来讲，自然时效过程非常缓慢。为了提高固溶体的分解速度，将合金加热到一定温度（远低于淬火温度），使固溶体分解加速，这种过程称为人工时效。

对于同一成分的合金来讲，影响时效效果的主要工艺因素有时效温度和时间、淬火加热温度和冷却速度，以及时效前的塑性变形等。

（4）形变热处理　形变热处理是将塑性变形和热作用结合起来的热处理方式。

只有将那些能提高金属材料内部晶体缺陷密度的塑性加工与能发生相变的热处理作用结合起来，能显著地改变材料的组织和结构，并明显地提高材料性能的工艺才是形变热处理。其结果是合金性能优于仅用基本热处理或者仅用变形工艺所能达到的性能。

（5）化学热处理　化学热处理是将热处理作用和化学作用有机地结合在一起的一种热处理方法。由于热作用和化学作用同时发生，使某些元素（金属或非金属）渗入合金中，即化学热处理不仅能改变金属材料的组织，还能改变其化学成分（一般是表面成分）。

化学热处理的主要目的是改善材料的表面性能（如提高材料的表面硬度、耐磨性和耐蚀性等）。

课题 5

金属热加工基础

能力目标

1. 了解焊接的特点、分类和应用，初步掌握焊条电弧焊的基本焊接方法。
2. 了解铸造的基本方法、特点及应用。
3. 了解锻压加工的基本原理、特点与应用范围。

任务 1　轴承挂架焊装

实施任务

1. 结构分析

图 5-1 所示为一轴承挂架，由竖板、横板、肋板、圆筒四部分构成。

2. 加工方法分析

根据图 5-2 轴承挂架焊装图进行分析。

1）轴承挂架的竖板、横板及肋板均可用同种板材 Q235A 切割下料成形，再根据技术要求进行机械加工。

2）轴承挂架的圆筒可由成形钢管切割下料成形，也可用展开法由钢板加工成形，再根据技术要求进行机械加工。

3）根据轴承挂架的焊装图可以看出横板 2 与竖板 1 之间采用双面焊，横板上边焊后打磨成平面，横板下边焊接为 45°角焊缝，焊脚尺寸为 4mm，横板端部两侧各开一个 45°的坡口，是带钝边的双边 V 形坡口；肋板 3 与竖板 1 之间采用双面焊，角焊缝，焊脚尺寸为 4mm，在正面（即主视图）所示的方向焊接；圆筒 4 与竖板 1 之间采用单面焊，圆周角焊缝，焊脚

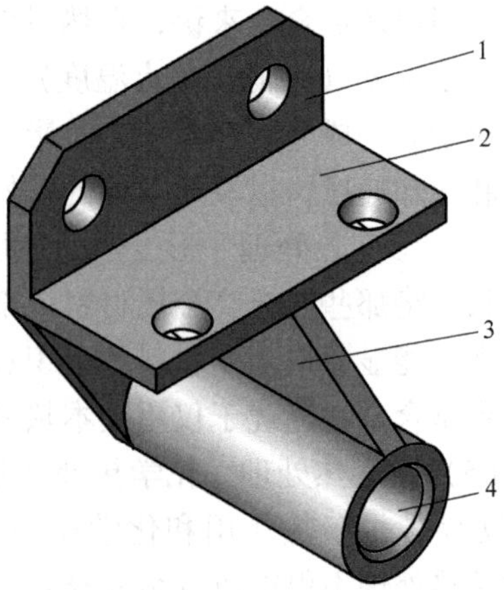

图 5-1　轴承挂架

1—竖板　2—横板　3—肋板　4—圆筒

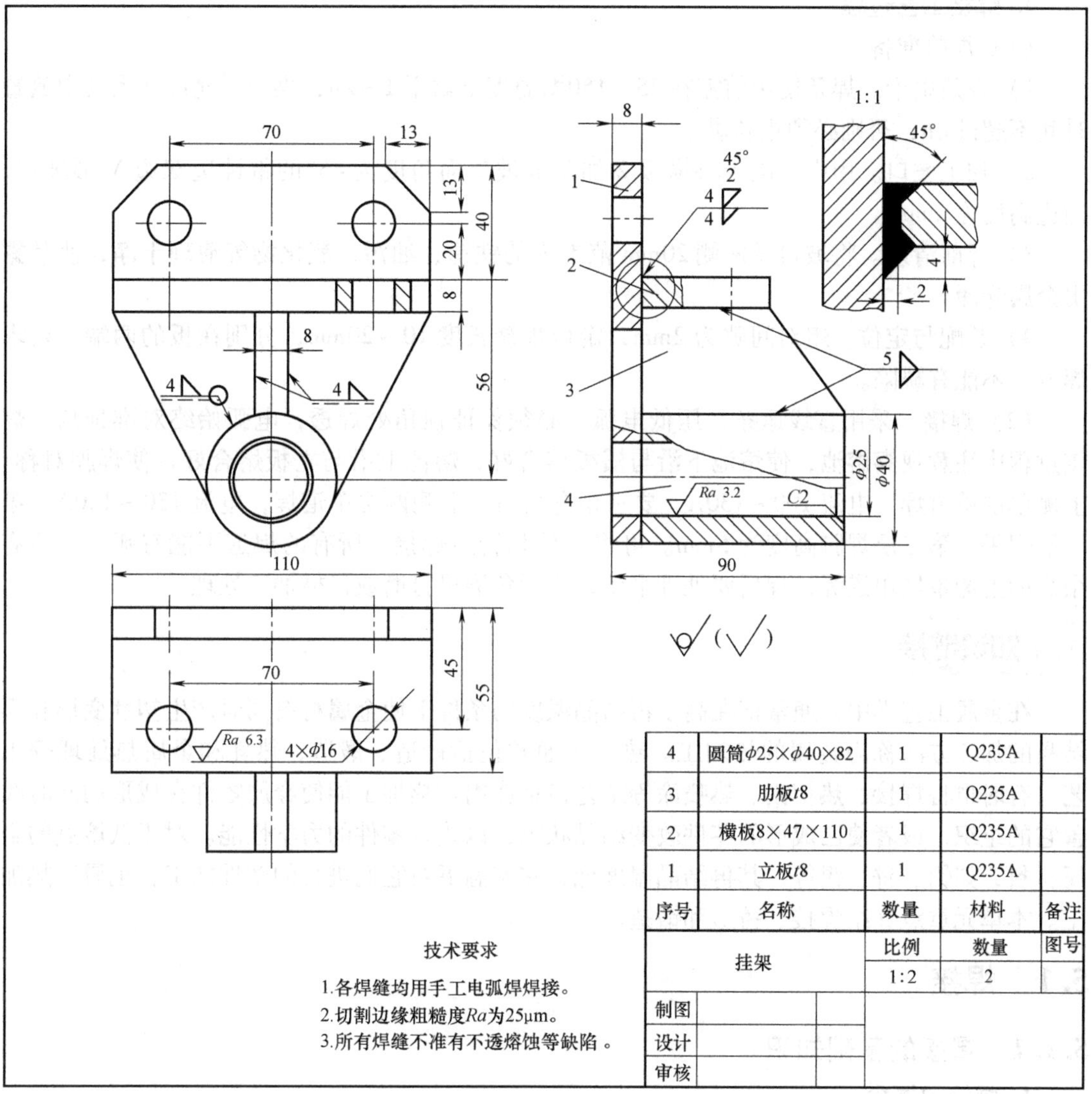

4	圆筒φ25×φ40×82	1	Q235A	
3	肋板t8	1	Q235A	
2	横板8×47×110	1	Q235A	
1	立板t8	1	Q235A	
序号	名称	数量	材料	备注

挂架	比例	数量	图号
	1:2	2	
制图			
设计			
审核			

技术要求

1.各焊缝均用手工电弧焊焊接。
2.切割边缘粗糙度Ra为25μm。
3.所有焊缝不准有不透熔蚀等缺陷。

图 5-2　轴承挂架焊装图

尺寸为 4mm，在正面（即主视图）所示的方向围绕圆筒连续焊一周；肋板 3 与横板 2 之间、肋板 3 与圆筒 4 之间两处均焊接，钢板两侧都是角焊缝，焊脚尺寸为 5mm。

3. 加工过程简介

（1）焊接方法　本轴承挂架的焊接装配，可采用焊条电弧焊，下面以横板 2 与竖板 1 之间的焊缝为例说明焊接过程。

（2）焊接用具

① 焊条：E4303，φ3.2mm/φ4.0mm。

② 焊接设备：BX3-300（交流弧焊机）。

（3）焊接参数

① 焊接电流：100～130A。

② 上侧单层单道焊，下侧两层单道焊。

4. 焊接工艺过程

（1）焊前准备

1）焊条烘干。焊条使用前需在 75～150℃温度下烘干 1～2h，烘干后允许在大气中放置时间不超过 8h，否则必须重新烘干。

2）加工坡口。用牛头刨床将横板 2 加工成坡口面角度为 45°的带钝边双边 V 形坡口，钝边高度为 2mm。

3）焊前清理。将坡口及两侧 20mm 范围内的铁锈、油污、氧化物等清理干净，使其露出金属光泽。

4）装配与定位。组对间隙为 2mm，定位焊缝长度 10～20mm，分别在板的两端。要求焊透，不能有缺陷。

（2）焊接　采用直线运条，压低电弧，必须保证顶角处焊透，电弧始终对准顶角，焊接过程中注意观察熔池，使熔池下沿与横板熔合好，熔池上沿与立板熔合好，使焊脚对称。上侧单层单道焊，电流 100～130A，要求稍有余高。下侧两层单道焊，电流 130～140A，第一层焊平，第二层焊脚高度为 5mm。可将工件翻转后焊接，所有的焊道不能有弧坑。留有余高的上侧单层单道焊，焊后要处理平整，可用角磨机打磨或机械加工处理。

知识链接

在金属工艺学中，通常把在高于再结晶温度的条件下使金属材料同时产生塑性变形和再结晶的加工方法称为金属的热加工。热加工通常包括铸造、锻造、热轧和金属热处理等工艺，有时也将焊接、热切割、热喷涂等工艺包括在内。热加工能使金属零件在成形的同时改善它的组织，或者使已成形的零件改变结晶状态，以改善零件的力学性能。对于低熔点的金属材料，如铅、锌、锡等，其再结晶温度低，在室温下对它们进行的塑性加工，也属于热加工。本单元重点介绍焊接、铸造和锻造。

5.1　焊接

5.1.1　焊接的基础知识

1. 焊接的概念

焊接就是通过加热或加压，或两者并用，并且用或不用填充材料，使焊件达到结合的一种加工方法。其实质是使被焊金属的原子之间相互扩散，相互结合，并形成整体的过程。焊接属于永久性连接金属的工艺方法。焊件是对焊接对象的统称。

2. 焊接的分类

按照焊接过程中金属所处的状态不同，可以把焊接方法分为熔焊、压焊和钎焊。

（1）熔焊　熔焊是在焊接过程中，将焊件接头加热至熔化状态，不加压力完成焊接的方法。当被焊金属加热至熔化状态形成液态熔池时，原子之间可以充分扩散和紧密接触，因此冷却凝固后，即可形成牢固的焊接接头。常见的气焊、电弧焊、电渣焊、气体保护电弧焊等都属于熔焊的方法。

（2）压焊　压焊是在焊接过程中，必须对焊件施加压力（加热或不加热），以完成焊接的方法。常见的有锻焊、电阻焊、摩擦焊和气压焊等。

（3）钎焊　钎焊是采用比母材熔点低的金属材料作为钎料，将焊件和钎料加热到高于钎料的熔点、低于母材熔点的温度，利用液态钎料润湿母材，填充接头间隙并与母材相互扩散实现连接焊件的方法。常见的钎焊方法有烙铁钎焊、火焰钎焊。

3. 焊接的特点

与其他金属连接方法相比较，焊接成形方便且适应性强，能减轻结构质量，节省金属材料，且焊接接头的致密性好，结构强度高，产品质量好，同时焊接时的噪声较小，工人劳动强度较低，生产率较高。但焊接接头组织性能不均匀，影响了焊接结构的精度和承载能力。

5.1.2　焊条电弧焊

焊条电弧焊是用手工操纵焊条进行焊接的电弧焊方法。焊条电弧焊是目前生产中应用最多、最普遍的一种焊接方法。它是利用焊条与焊件之间产生的电弧热，熔化焊件与焊条而进行焊接的。

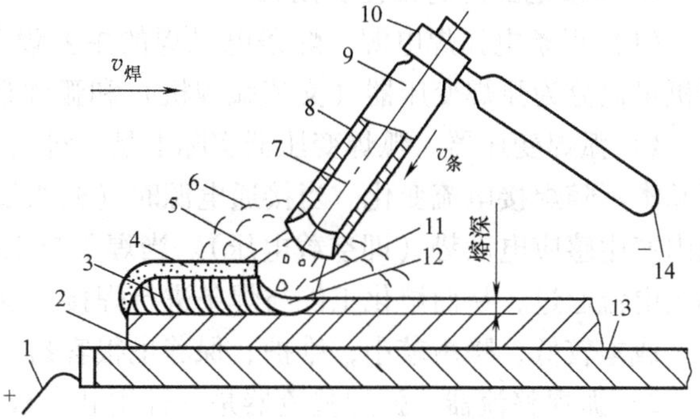

图 5-3　焊条电弧焊焊接过程

1—正极　2—焊件　3—焊缝　4—渣壳　5—电弧　6—保护气体　7—焊芯　8—药皮　9—焊条　10—焊钳　11—熔滴　12—熔池　13—工作台　14—负极

如图 5-3 所示，焊接时，夹持焊条 9 的焊钳 10 与工作台 13 分别接焊接回路的负极和正极。电弧 5 在焊芯 7 与焊件 2 之间燃烧，焊芯熔化形成的熔滴 11 不断滴入熔池 12 中。焊条上的药皮 8 熔化后形成保护气体 6 和熔渣。保护气体充满熔滴和熔池的周围，熔渣从熔池中浮起后覆盖在熔融金属上。保护气体和熔渣使熔融金属与周围介质隔绝。焊条向右移动不断形成新的熔池，原来的熔池脱离电弧热的作用而迅速凝固，形成焊缝 3。熔渣凝固后覆盖在焊缝上形成坚硬的渣壳 4，渣壳的导热性差，起到使焊缝缓冷的作用。

1. 焊接电弧的概念

焊接电弧是在两电极之间的气体介质中产生强烈而持久的气体放电现象。在电弧焊中，焊接电弧由焊接电源供给，是焊接回路中的负载，如图 5-4 所示。

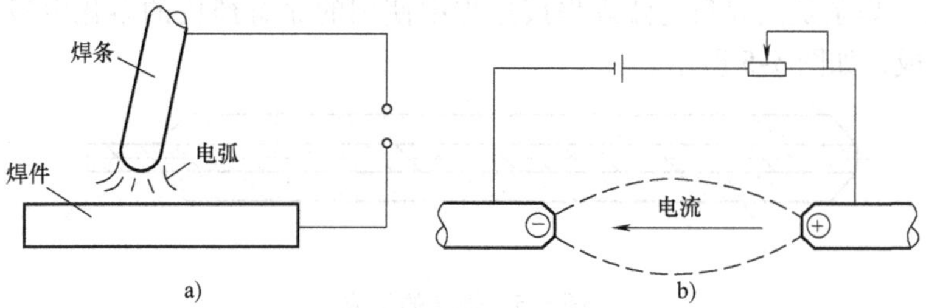

图 5-4　电弧示意图

当焊条的一端与焊件接触时，将造成短路而产生高温，使相接触的金属很快熔化并产生金属蒸气。当焊条迅速提起 2 ~ 4mm 时，在电场力的作用下，阴极（焊条）表面将产生电子发射。向阳极（焊件）高速运动的电子与气体分子、金属蒸气中的原子相碰撞，将造成介质和金属的电离。因电离产生的电子也奔向阳极，正离子则奔向阴极。这些带电质点在运动途中及到达电极表面时，将不断发生碰撞与复合。碰撞与复合时将产生强烈的光和大量的热。其宏观表现是强烈而持久的放电现象，即电弧。

由于焊接电弧的阳极区产生的热量比阴极区多，所以采用直流弧焊机焊接有正接与反接之分。焊件接正极而焊条接负极的接线方式，称为正接。正接时，焊件获得的热量多，容易焊透，常用于焊接较厚的焊件。焊件接负极而焊条接正极的接线方式，称为反接。反接时，焊件不易烧穿，常用于焊接较薄的焊件。

2. 焊条电弧焊的设备及用具

（1）焊条电弧焊电源　焊条电弧焊的主要设备是电焊机。按焊接电流的种类不同，电焊机可以分为弧焊变压器（交流弧焊机）和弧焊整流器（直流弧焊机）两类。

1）弧焊变压器。弧焊变压器实际上是一种特殊的降压变压器。焊接时，焊接电弧的电压基本不随焊接电流变化。当接通电源时（初级线圈形成回路），由于互感作用，使次级线圈内产生感应电动势（即空载电压）。当焊条与工件接触时，次级线圈形成闭合回路，便有感应电流通过，从而熔化工件与焊条进行焊接。这种电焊机的效率较高，结构简单，使用可靠，成本较低，噪声较小，维护、保养也很容易，但它的电弧燃烧时稳定性较差。

2）弧焊整流器。弧焊整流器是一种用硅二极管作为整流装置，把交流电经过变压、整流后，供给电弧负载的直流电源。弧焊整流器与弧焊变压器相比，具有电弧燃烧稳定的优点。但弧焊整流器构造复杂，维修不便，噪声大，成本高，损耗大，适用于焊接较重要的焊件。

（2）焊条电弧焊用具

1）焊钳，其作用是夹持焊条和传导电流。一般要求焊钳导电性能好、质量轻、焊条夹持稳固、换装焊条方便等。

2）焊接电缆，其作用是传导电流。一般要求用多股纯铜软线制成，外皮绝缘性要好，而且要有足够的导电截面积，其截面积大小应根据焊接电流大小而定。

3）面罩及护目玻璃，其作用是焊接时保护焊工的面部免受强烈的电弧光照射和飞溅金属的灼伤。护目玻璃又称黑玻璃，它的作用是减弱电弧光的强度，过滤紫外线和红外线，在焊接时既能通过护目玻璃观察到熔池的情况，便于掌握和控制焊接过程，又可避免眼睛受弧光的灼伤。

（3）焊条　焊条是供焊条电弧焊焊接过程中使用的涂有药皮的熔化电极，它由焊芯和药皮两部分组成，如图 5-5 所示。

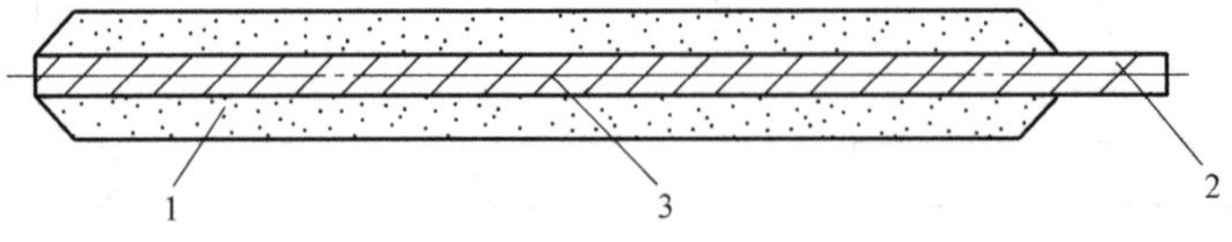

图 5-5　焊条的组成

1—药皮　2—夹持端　3—焊芯

1）焊芯。焊条中被药皮所包覆的金属芯称为焊芯，它是具有一定长度、一定直径的金属丝。焊芯在焊接过程中有两个作用。一是传导焊接电流，产生电弧并维持电弧燃烧，把电能转换为热能，既熔化焊条本身，又使被焊母材熔化而形成焊缝。二是作为填充金属与母材熔合成一体，组成焊缝，同时起到调整焊缝中合金元素成分的作用。

2）药皮。药皮是指压涂在焊芯表面上的涂料层，是由一系列矿物质、有机物、铁合金和黏结剂组成的。按其在焊接过程中所起的作用，可分为稳弧剂、造渣剂、造气剂、合金剂、稀渣剂、黏渣剂和增塑剂等。它主要起稳弧作用、保护作用、冶金作用、改善焊接工艺性等。

3）焊条的分类。

按用途分类：

① 碳钢焊条：用于强度等级较低的低碳钢和低合金钢的焊接。

② 低合金钢焊条：用于低合金高强度钢、含合金元素较低的钼和铬钼耐热钢及低温钢的焊接。

③ 不锈钢焊条：用于含合金元素较高的铝耐热钢和铬钼耐热钢及各类不锈钢的焊接。

④ 堆焊焊条：用于金属表面层的堆焊，其熔敷金属在常温或高温中具有较好的耐磨性和耐蚀性。

⑤ 铸铁焊条：专用于铸铁的焊接和补焊。

⑥ 镍和镍合金焊条：用于镍及镍合金的焊接、补焊或堆焊。

⑦ 铜及铜合金焊条：用于铜及铜合金的焊接、补焊或堆焊，也可以用于某些铸铁的补焊或异种金属的焊接。

⑧ 铝及铝合金焊条：用于铝及铝合金的焊接、补焊或堆焊。

⑨ 特殊用途焊条：用于在水下进行焊接、切割的焊条及管状焊条等。

按焊条药皮熔化后的熔渣特性分类：焊接过程中，焊条药皮熔化后，按所形成熔渣呈现酸性或碱性，把焊条分为碱性焊条和酸性焊条两大类。

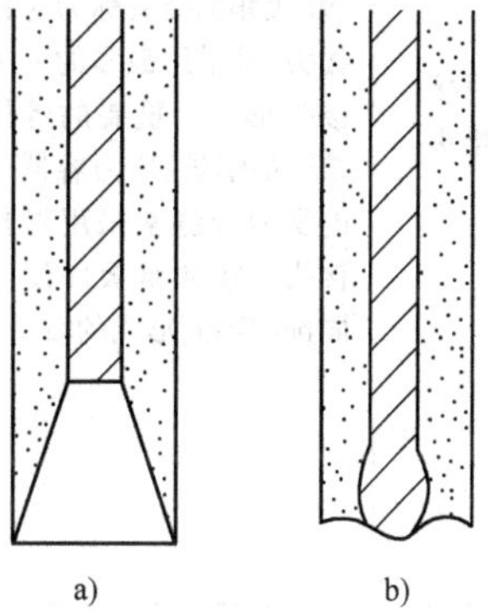

图 5-6　焊条端部熔化面
a）酸性焊条　b）碱性焊条

① 酸性焊条。酸性焊条引弧容易，电弧燃烧稳定，可用交、直流电源焊接；焊条脱硫效果差，抗热裂纹性能低，药皮中的氧化性强，不适宜焊接合金元素较多的材料；焊接时产生的烟尘较少，焊缝常温、低温的冲击性能一般；焊接过程中，对铁锈、油污和水分敏感性不大，抗气孔能力强，飞溅小，脱渣性好，焊条端部熔化面如图 5-6a 所示。

② 碱性焊条。碱性焊条药皮中含有氟化物，电弧燃烧的稳定性差，只能使用直流焊机焊接；焊条脱氧、脱硫能力强，焊缝含氢、氧、硫低，抗裂性能好，常用于重要结构的焊接；焊接时产生的烟尘较多，焊缝常温、低温冲击性能好，焊缝塑性好；焊接过程中对水、铁锈敏感性较大，飞溅较大，脱渣性较差，焊条端部熔化面呈现凸型，如图 5-6b 所示。

4）焊条的型号。以国家标准为依据规定的焊条表示方法称为型号，它是根据熔敷金属的力学性能、药皮类型、焊接位置和焊接电流种类来划分的。

焊条型号及牌号要反映焊条的性能特点及类别。目前，我国参照国际标准，陆续对不同焊条型号做了修改，如碳钢焊条型号编制方法规定以字母 E 表示焊条，此后的前两位数字表示熔敷金属抗拉强度的最小值，单位为 kgf/mm^2，第三位数字表示焊条的焊接位置。0 及 1 表示焊条适用于全位置焊接；2 表示焊条适用于平焊及平角焊；4 表示焊条适用于向下立焊。第三位和第四位数字组合表示焊接电流种类及药皮类型。例如，E4303 表示焊缝金属的 $R_m \geq 43kgf/mm^2$，适用于全位置焊接，药皮类型是钛钙型，电流种类是交流或直流正、反接。

5）焊条选用原则。考虑焊缝金属的使用性能要求；考虑焊件的形状、刚度和焊接位置；考虑焊缝金属的抗裂性；考虑焊条操作工艺性；考虑设备及施工条件；考虑经济合理；考虑生产率等。

3. 焊条电弧焊工艺

焊条电弧焊工艺设计通常是指接头形式与坡口形式的确定、焊接位置的确定、焊接参数的确定、其他工艺措施的确定和绘制焊接结构图等。

（1）接头形式与坡口形式的确定

1）接头形式。焊接接头的基本形式有对接、角接、T 形接和搭接等，选择接头形式主要考虑使用性能要求、焊接结构形状和焊接生产条件等因素，见表 5-1。

表 5-1　焊接接头的基本类型、特点及应用

接头类型	特点及应用	图　示
对接接头	两焊件表面构成 135°～180°夹角的接头称为对接接头，是采用最多的一种接头形式。重要的焊接结构如锅炉、压力容器等的受力焊缝常采用对接接头。按照钢板厚度不同选用不同形式的坡口	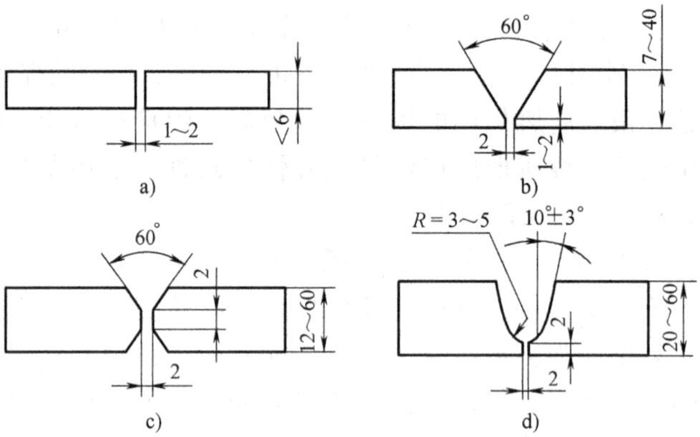 a) I 形坡口　b) Y 形坡口　c) 双 Y 形坡口　d) 带钝边 U 形坡口
T 形接头	T 形接头是一焊件的端面与另一焊件表面构成直角或近似直角的接头。主要用于箱形、船体结构。按照钢板厚度和对结构强度的要求，可分别考虑选用不同形式坡口，使接头焊透，保证接头强度	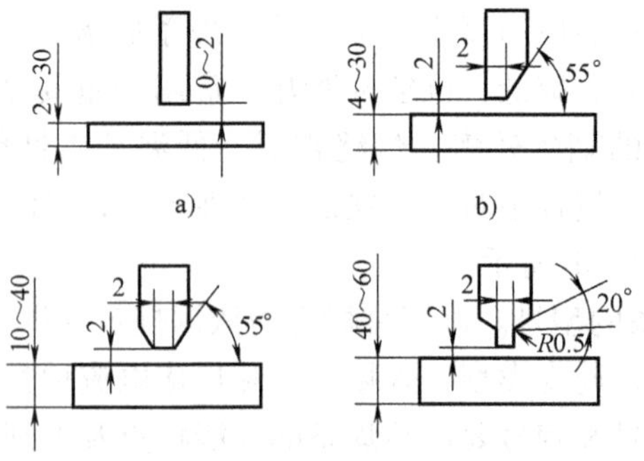 a) I 形坡口　b) 带钝边单边 V 形坡口 c) 带钝边双单边 V 形坡口　d) 带钝边双 J 形坡口

（续）

接头类型	特点及应用	图示
角接接头	两焊件端面间构成大于35°、小于135°夹角的接头，称为角接接头，其承载能力差，一般用于不重要的焊接结构。当焊接结构要求焊件间构成一定角度的连接时，必须采用角接接头或T形接头。可根据板厚开不同形式的坡口	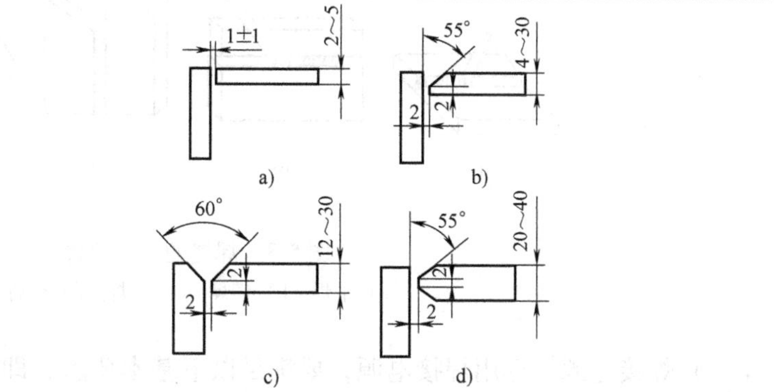 a) I形坡口 b) 带钝边单边V形坡口 c) Y形坡口 d) 带钝边双单边V形坡口
搭接接头	两焊件部分重叠构成的接头称为搭接接头，特别适用于被焊结构狭小处及密闭的焊接结构。I形坡口的搭接接头，其重叠部分为3～5倍板厚，并采用双面焊接。常见的桁架结构如屋架、桥梁、塔架等的连接多采用搭接接头	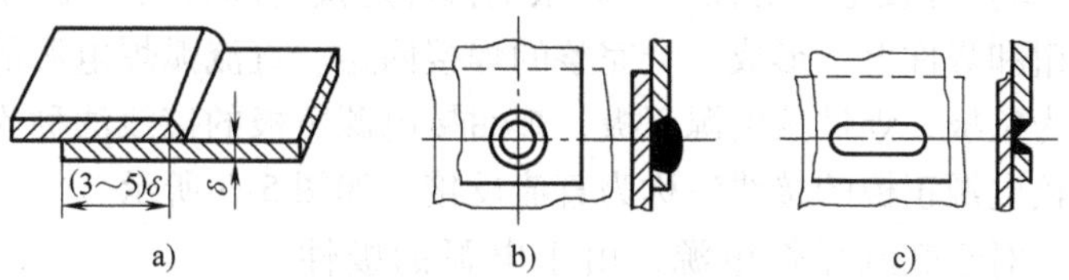 a) I形坡口 b) 塞焊缝 c) 槽焊缝

2）坡口形式。坡口是指根据设计和工艺要求，在焊件待焊接部位加工的具有一定几何形状的沟槽，通常是利用机械（如刨削、车削等）、火焰或电弧（碳弧气刨）等方法加工而成的。开坡口的目的是保证电弧能深入接头根部，使根部焊透并便于清渣，以获得较好的成形，而且坡口还可以调节焊缝的熔合比（即母材金属在焊缝中占的比例）。

坡口形式及其尺寸一般随板厚而变化，同时还与焊接位置、坡口加工方法，以及工件材质等有关。坡口的基本形式和尺寸已经标准化。按照焊件的厚度、焊件技术要求、焊接方法、焊接材料的不同，坡口可分为I形坡口、Y形坡口、双V形坡口、U形坡口和双U形坡口五种基本形式，如图5-7所示。

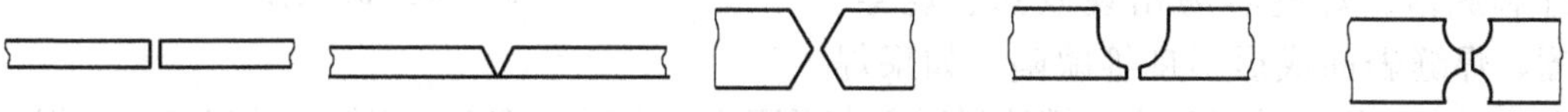

图5-7 坡口的基本形式

a) I形坡口 b) Y形坡口 c) 双V形坡口 d) U形坡口 e) 双U形坡口

（2）焊接位置 焊接时，按焊缝在空间位置的不同，焊接位置可分为平焊、横焊、立焊和仰焊四种，如图5-8所示。其中平焊操作容易，劳动条件好，生产率高，质量易于保证，因此，一般都应把焊缝放在平焊位置施焊。横焊、立焊、仰焊时焊接较为困难，应尽量避免。若无法避免时，可选用小直径的焊条、较小的电流，调整好焊条与焊件的夹角及弧长后再进行焊接，或借助翻转架等变位机构改变焊缝的焊接位置。

（3）焊接参数 焊接参数是指焊接过程中，为保证焊接质量而选定的各个参数。焊接参数选择合适，对提高焊接质量和生产率都是十分重要的。

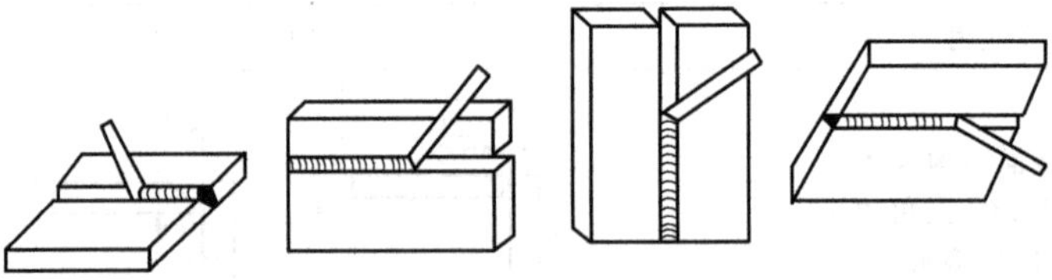

图 5-8　焊缝的空间位置

a）平焊　b）横焊　c）立焊　d）仰焊

1）焊接电源。选用焊接电源，要满足以下基本要求，即适当的空载电压，陡降的外特性，焊接电流的大小可以灵活调节，良好的动特性等，同时还要考虑焊条药皮的类型。

2）焊接电源的极性。焊条电弧焊焊接电源有两个输出的电极，在焊接过程中分别接到焊钳和焊件上，形成一个完整的焊接回路。直流弧焊电源的两个输出电极，一个为正极，一个为负极，焊件接电源正极、焊钳接电源负极的接线法称为直流正接；焊件接电源负极、焊钳接电源正极的接线法称为直流反接，如图 5-9 所示。

对于交流弧焊电源，由于电弧的极性是周期性改变的，工频交流电源的电流是交变的，焊接电弧的燃烧和熄灭每秒钟要重复 100 次，所以，交流弧焊变压器的输出电极无正、负极之分。

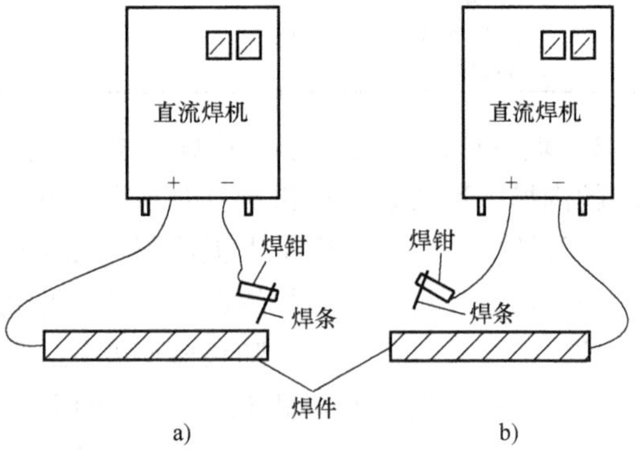

图 5-9　直流焊接电源的正接与反接

a）正接　b）反接

3）焊接电流。焊接电流是焊接过程中流经焊接回路的电流，它是焊条电弧焊最重要的焊接参数。焊接时，焊接电流越大，焊缝熔深越大，焊条熔化越快，焊接效率也越高。但是如果焊接电流过大，焊接飞溅和焊接烟尘会加大，焊条药皮因过热而发红和脱落，焊缝容易出现咬边、烧穿、焊瘤、焊缝表面成形不良等缺陷。如果焊接电流过小，则焊接过程中频繁地引弧会出现困难，电弧不稳定，焊缝熔池温度低，焊缝宽度变窄而余高增大，焊缝熔合不好，容易出现夹渣及未焊透等缺陷，焊接生产率低。焊接打底层焊道时，焊接电流要比填充层焊道电流小。而定位焊时焊接电流应比正式焊接时高 10% ~15%。因此，焊接过程中，焊接电流是焊接主要调节参数。选择焊接电流要考虑的因素很多，主要有焊条直径、焊接位置、焊道层数等。此外，焊接电缆在使用时，不要盘成圈状，以防产生感抗影响焊接电流。表 5-2 所列为各种直径焊条适合电流的参考值。

表 5-2　各种直径焊条适合电流的参考值

焊条直径/mm	1.5	2.0	2.5	3.2	4.0	5.0	5.8
焊接电流/A	25 ~40	40 ~60	50 ~80	100 ~130	160 ~210	200 ~270	260 ~300

4）焊条直径。焊条直径可以根据焊件的厚度、焊缝所在的空间位置、焊件坡口形式等进行选择。

① 焊件厚度：焊条直径的选择，主要应考虑焊件的厚度。当焊件的厚度较大时，为了减少焊接层次，提高焊接生产率，选用直径较大的焊条；当焊件厚度较薄时，为了防止焊缝烧穿，宜采用小直径焊条焊接。表5-3为焊条直径与焊件厚度的关系。

表5-3　焊条直径与焊件厚度的关系　（单位：mm）

焊件厚度	2.0	3.0	4~5	6~12	>13
焊条直径	2.0	3.2	3.2~4	4~5	4~6

② 焊接位置：为了在焊接过程中获得较大的熔池，减少熔化金属下淌，在焊件厚度相同的条件下，平焊位置焊接用的焊条直径比其他焊接位置要大一些；立焊位置所用的焊条直径最大不超过5mm；横焊及仰焊时，所用的焊条直径不应超过4mm。

③ 焊接层次：多层多道焊缝进行焊接时，如果第一层焊道选用的焊条直径过大，焊接坡口角度、根部间隙过小，焊条不能深入坡口根部，导致产生未焊透缺陷。所以，多层焊道的第一层焊道应采用的焊条直径为2.5~3.2mm，以后各层焊道可根据焊件厚度选用较大直径焊条焊接。

5）焊接层数。中厚板焊接，为了保证焊透，需要在焊前开坡口，然后用焊条电弧焊进行多层焊或多层多道焊。中厚板焊接采用多层焊或多层多道焊，有利于提高焊接接头的塑性和韧性。多层焊和多层多道焊如图5-10所示。

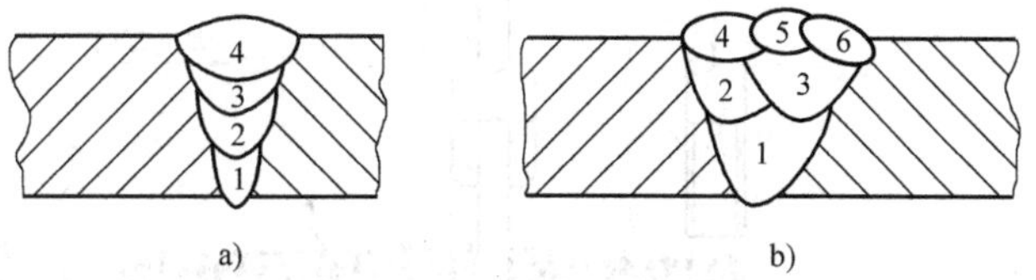

图5-10　多层焊和多层多道焊

a）多层焊　b）多层多道焊

1、2、3、…、6—各焊道的顺序号

在进行多层多道焊接时，前一层焊道对后一层焊道起预热作用，而后一层焊道对前一层焊道起热处理作用，能细化焊缝晶粒，提高焊缝金属的塑性和韧性。每层的焊道厚度不应大于5mm，如果每层的焊缝太厚，会使焊缝金属组织晶粒变粗，力学性能降低。

5.1.3　其他焊接方法

1. 埋弧焊

埋弧焊是电弧在焊剂层下燃烧进行焊接的方法，由于电弧掩埋在焊剂下燃烧，弧光不外露，因此称为埋弧焊，该方法为自动焊接方法，因此，该方法又称为焊剂层下自动电弧焊。

埋弧焊有半自动埋弧焊和自动埋弧焊两类。半自动埋弧焊时，焊丝的送进由送丝装置经专门的软管送到焊枪，而焊接速度及焊接方向由焊工手握焊枪控制。自动埋弧焊时，焊丝送进及焊接电弧的移动都由机械操纵。有些自动焊机将两根焊丝或多根焊丝同时送入焊接电弧区，这就是多丝埋弧焊。它可以进一步提高熔敷速度和焊接速度。采用带状电极的带极埋弧焊常用于堆焊耐磨、耐蚀材料。此外，还有窄间隙埋弧焊、预热焊丝埋弧焊等多种方法。这些埋弧焊方法，其基本工作原理都是相同的。

埋弧焊的设备组成如图5-11所示，焊缝的形成过程如图5-12所示。

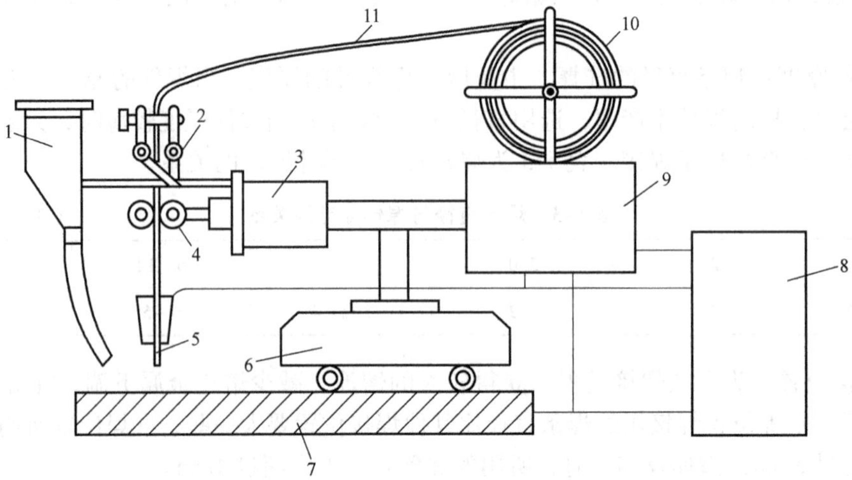

图 5-11　埋弧焊的设备组成

1—焊剂料斗　2—矫直机构　3—送丝电动机　4—送丝轮　5—导电嘴　6—行走小车　7—母材　8—焊接电源　9—控制装置　10—焊丝盘　11—焊丝

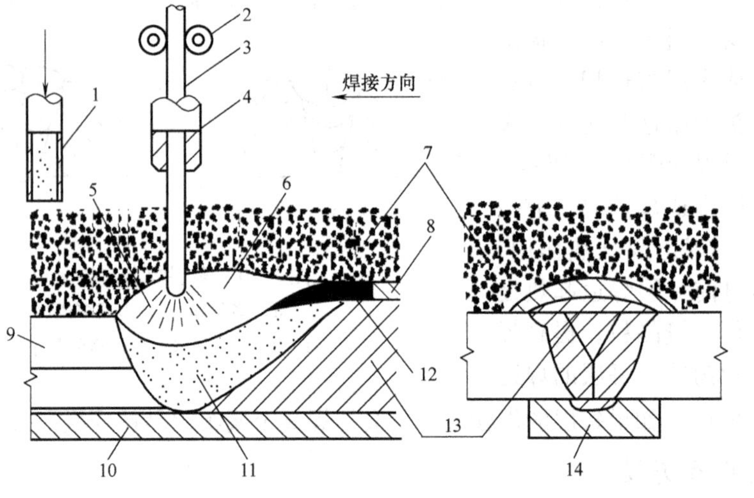

图 5-12　埋弧焊焊缝的形成过程

1—焊剂漏斗　2—送丝轮　3—实心焊丝　4—电极夹　5—电弧　6—空腔　7—颗粒状焊剂　8—渣壳　9—母材　10、14—衬垫　11—熔池　12—熔渣　13—焊缝金属

焊接时，在焊接部位覆盖着一层焊剂，焊剂在常温下是不导电的。在开始引弧时，作为电极的焊丝与工件接触，短路后通电，焊丝反抽形成电弧。电弧的辐射热使焊丝末端周围的焊剂熔化，形成液态熔渣，部分焊剂分解蒸发成气体。气体排开熔渣，熔渣在电弧周围形成一个封闭的空腔，使电弧与外界空气隔绝，电弧在空腔内稳定燃烧，焊丝便不断熔化，并形成熔滴落下，与焊件被熔化的液态金属混合形成焊接熔池。随着焊接过程的进行，电弧向前移动，焊接熔池随之冷却而凝固形成焊缝。密度较轻的熔渣浮在熔池表面，冷却后形成渣壳。去除渣壳后就能得到一个具有良好力学性能、外表光滑平整的焊缝。

埋弧焊的优点是允许采用较大的焊接电流，生产率高，焊缝保护好，焊接质量高，能节省材料和电能，劳动条件好，实现了焊接过程的机械化。缺点是立焊缝、横焊缝和仰焊缝无法实施，短焊缝和不规则的焊缝也不便施焊，同时因焊接时电弧不可见，不能及时发现问题，所以接头的加工与装配要求较高，焊前准备时间较长。

埋弧焊主要用于焊接非合金钢、低合金高强度钢，也可用于焊接不锈钢及纯铜等，但不适用于铝、钛等氧化性能强的金属和合金。适于大批焊接较厚的大型结构件的直线焊缝和大直径环形焊缝，在造船、锅炉、桥梁、起重机械及冶金、化工机械制造中被广泛地应用。

2. 气体保护电弧焊

气体保护电弧焊是利用外加气体作为电弧介质并保护焊接区的电弧焊，简称气体保护焊。根据所用保护气体的不同有钨极氩弧焊、二氧化碳气体保护焊等。

钨极氩弧焊是采用钨棒作为电极，利用氩气作为保护气体进行焊接的一种气体保护焊方法，如图5-13所示。通过钨极与工件之间产生电弧，利用从焊枪喷嘴中喷出的氩气流在电弧区形成严密封闭的气层，使电极和金属熔池与空气隔离，以防止空气的侵入。同时利用电弧产生的热量来熔化基本金属和填充焊丝形成熔池。液态金属熔池凝固后形成熔缝。

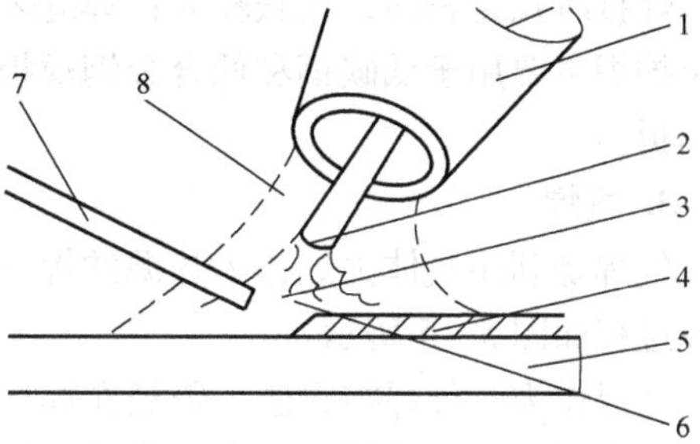

图5-13　钨极氩弧焊示意图

1—喷嘴　2—钨极　3—电弧　4—焊缝　5—工件　6—熔池　7—填充焊丝　8—氩气

氩弧焊是一种明弧焊，便于观察，操作灵活，适宜于各种位置的焊接；焊后无熔渣，易实现焊接自动化；焊缝成形好，焊接电弧燃烧稳定，飞溅较小。但氩弧焊所用的设备及控制系统比较复杂，维修困难，氩气价格较贵，焊接成本高。氩弧焊应用范围广泛，几乎可以用于所有的钢材、非铁金属及其合金，通常多用于焊接铝、镁、钛及其合金、低合金钢、耐热合金等。

二氧化碳气体保护焊是一种以二氧化碳（CO_2）气体作为保护气体，保护焊接区和金属熔池不受外界空气的侵入，依靠焊丝和焊件间产生的电弧来熔化焊件金属的一种熔化极气体保护电弧焊，其原理如图5-14所示。

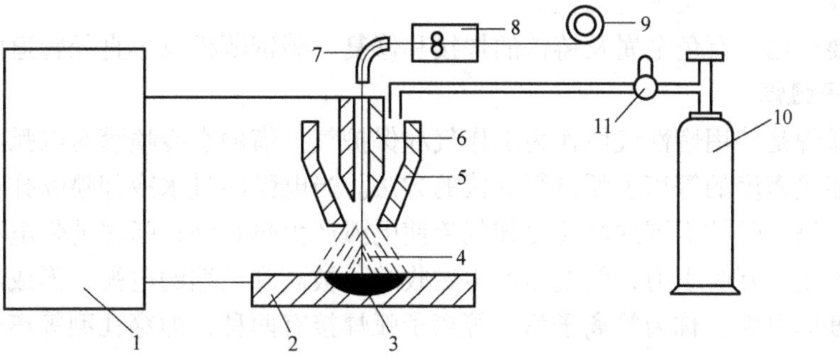

图5-14　CO_2 气体保护焊过程示意图

1—焊接电源　2—焊件　3—熔池　4—保护气体　5—气体喷嘴　6—导电嘴　7—软管　8—送丝机　9—焊丝盘　10—CO_2 气瓶　11—气体流量计

由图 5-14 可知，焊接时使用成盘的焊丝，焊丝由送丝机构经软管和焊枪的导电嘴送出。焊机电源的输出两端，正极接在焊枪上，负极接在焊件上。当焊丝与焊件接触后便产生电弧，在高温电弧的作用下，焊件局部熔化形成熔池，而焊丝末端也随着熔化，形成熔滴过渡到熔池中去。同时，气瓶中送出 CO_2 气体以一定的压力和流量从焊枪的喷嘴喷出，在电弧周围形成了一个具有挺直性的气体帷幕，像保护罩一样，保护了熔化的液态金属，阻止外界有害气体的侵入。随着焊枪的不断移动，熔池凝固后便形成了焊缝。

二氧化碳气体来源广，价格低，使用二氧化碳气体保护焊的成本约为埋弧焊的 40% ~ 50%；电弧的穿透能力强，熔池深；焊速快，生产率比焊条电弧焊高 2 ~ 4 倍；热影响区小，焊件的变形较小，焊缝质量高。但二氧化碳气体保护焊的焊接设备较为复杂，要求用直流电源；焊接时弧光较强，飞溅较大；焊缝表面不平滑，室外焊接时常受风的影响。二氧化碳气体保护焊主要用于低碳钢和低合金钢薄板等材料的焊接，常采用细焊丝焊接薄板，粗焊丝焊接厚板。

3. 气焊

气焊是利用气体火焰作为热源的焊接方法，常用的有氧乙炔焊、氧丙烷焊、氢氧焊等。气焊过程如图 5-15 所示。

气焊作为一种焊接方法，曾经在焊接史上起过重要作用，但随着焊接技术的发展，气焊的应用范围日趋缩小。由于气焊熔池温度容易控制，有利于实现单面焊双面成形，便于预热和后热，所以气焊常用于薄板焊接、低熔点材料焊接、管子焊接、铸铁补焊、工具钢焊接以及无电源的野外施工等。

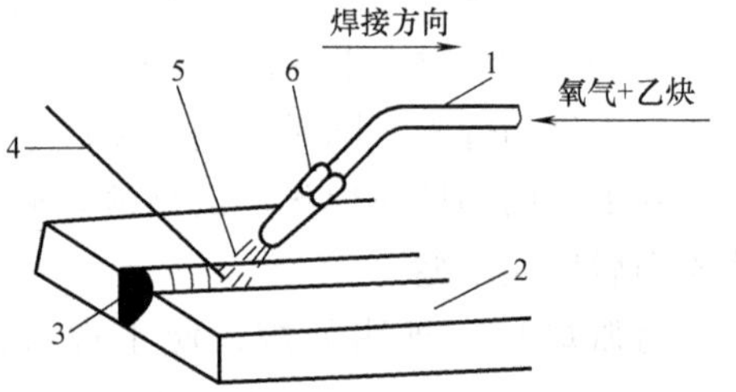

图 5-15　氧乙炔焊示意图

1—焊炬　2—焊件　3—焊缝

4—焊丝　5—气焊火焰　6—焊嘴

气焊与电弧焊相比，它的优点是设备简单，移动方便，在无电力供应地区可以方便地进行焊接；可以焊接很薄的工件；焊接铸铁和部分有色金属时焊缝质量好。气焊的缺点是热量较分散，热影响区及变形大，接头质量不容易保证；生产率较低，不易焊较厚的金属；气焊火焰中氧、氢等元素与熔化后的某种金属发生作用，会降低焊缝性能；难以实现自动化等。

气焊主要应用于有色金属及铸铁的焊接和修复、碳钢薄板及小直径管道的焊接。

4. 等离子弧焊

等离子弧焊是使用惰性气体作为工作气和保护气，借助水冷喷嘴对电弧的拘束作用，利用获得的高能量密度的等离子弧进行焊接的方法。当电弧经过水冷却喷嘴孔道时，受到喷嘴细孔的机械压缩；弧柱周围的高速冷却气流使电弧产生热收缩；弧柱的带电粒子流在自身磁场作用下，产生相互吸引力，使电弧产生磁收缩。被高度压缩的电弧，形成高温、高电离度及高能量密度的电弧，称为等离子弧。等离子弧焊接有两种，即穿孔型等离子弧焊接和熔透型等离子弧焊接。图 5-16 所示为普通熔透型等离子弧焊接工作原理。

等离子弧能量易于控制，弧柱温度高（可达 20000℃以上），穿透能力强，焊接质量高，生产率高，焊缝深宽比大，热影响区小。但其焊炬结构复杂，对控制系统要求较高，焊接区可见度不好，焊接最大厚度受到限制。用等离子弧可以焊接绝大部分金属，但由于焊接成本

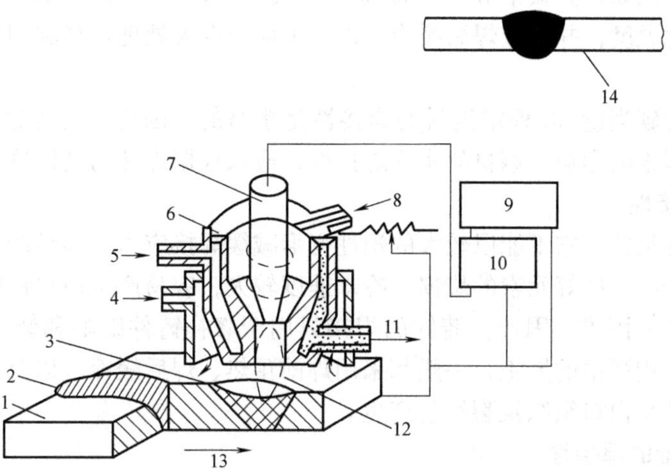

图 5-16　普通熔透型等离子弧焊接工作原理

1—母材　2—焊缝　3—液态熔池　4—保护气　5—进水　6—喷嘴　7—钨极　8—等离子气
9—焊接电源　10—高频发生器　11—出水　12—等离子弧　13—焊接方向　14—接头断面

较高，故主要用于焊接某些焊接性差的金属材料和精细工件等，常用于不锈钢、耐热钢、高强度钢及难熔金属材料的焊接。此外，等离子弧焊还可以焊接厚度为 0.025 ~ 2.5mm 的箔材及板材，也可进行等离子切割。

5.1.4　金属的焊接性能

金属材料的焊接性是指金属材料对焊接加工的适应性，主要指在一定的焊接工艺条件下，金属获得优良焊接接头的难易程度。它包括两方面的内容：一是结合性能，即在一定焊接工艺条件下，一定的金属形成焊接缺陷的敏感性（主要是对产生裂纹的敏感性）；二是使用性能，即在一定焊接工艺条件下，一定金属的焊接接头对使用要求的适应性。金属的焊接性主要受其化学成分、焊接方法、构件类型及使用条件等因素的影响。

1. 钢材的焊接性

生产中经常根据钢材的化学成分判断其焊接性。钢的碳含量对其焊接性的影响最明显。通常把钢中合金元素（包括碳）的质量分数，按其作用换算成碳的相当含量，称为碳当量，用符号 CE 表示。碳当量可作为评定钢材焊接性的一种参考指标。实践证明，碳当量越高，钢材的焊接性越差。

当 CE < 0.4% 时，钢材的塑性好，焊接性良好。焊接这类材料一般不需要采用工艺措施就能获得优良的焊接接头。因此，低碳钢、低合金高强度结构钢（如 10 钢、20 钢、Q175A、Q235A、Q295、Q345A 等），常被选为焊接结构用钢。一般不需预热，采用所有的焊接方法都可以得到优良的焊接接头，只有在工件较厚大、结构刚度较大时才考虑焊前预热。但沸腾钢中含氧量较高，硫、磷等杂质分布也不均匀，焊接性能不好，应避免选用。

当 CE = 0.4% ~ 0.6% 时，钢材的塑性较差，易出现淬硬组织，产生裂纹，焊接性较差。焊接时需要采用预热、焊后都要进行热处理的工艺措施。例如，中碳钢焊接时一般要预热到 150 ~ 250℃。

当 CE > 0.6% 时，钢材的塑性差，淬硬和冷裂倾向严重，焊接性很差。焊接时需要采用严格的工艺措施。例如，高碳钢焊接前常需要预热到 250 ~ 350℃。若焊件刚度大，则焊接过程中应当保持此温度，并且应焊后缓冷，进行去应力退火处理。高碳钢的焊接仅用于焊补工件。

应当指出，用碳当量 CE 评定钢材的焊接性是粗略的，因为没有考虑焊件的结构刚度、使用条件等重要因素的影响。钢材的实际焊接性，应该根据焊件的具体情况通过实验测定。

2. 铸铁的焊接性

铸铁的焊接性很差，它不能以较大的塑性变形减缓焊接应力，容易产生焊接裂纹。并且在焊接过程中由于碳、硅等元素的烧损，冷却速度较大，容易产生白口铸铁组织，给铸件的进一步切削加工带来困难。因此，铸铁的焊接只用于修补铸件缺陷和修复局部损坏的铸铁件。焊接时必须采用严格的措施，一般都采用焊前预热、焊后缓冷，以及通过调整焊缝化学成分等方法，来防止白口组织及裂纹的产生。

3. 铝及铝合金的焊接性

采用一般的焊接方法时，铝及铝合金的焊接性不好。铝极易被氧化形成难熔的氧化铝薄膜，其熔点为 2050℃。氧化铝薄膜包覆着熔化的铝滴，阻碍熔化的铝滴相互之间的熔合及铝滴与母材的熔合。并且氧化铝的密度大，容易残存在焊缝中形成夹渣。

焊缝中的气孔倾向大，主要是因为熔融态铝能溶解大量的氢，而固态铝中氢的溶解度又很小，凝固时来不及逸出的氢残存在焊缝中，形成气孔。氢的来源主要是焊件、焊丝表面上的氧化铝膜吸附住的空气中水分。因此，必须仔细清理焊件、焊丝表面的氧化铝膜，并使之干燥。

铝及铝合金焊接接头形成裂纹的倾向性大，主要是因为铝焊缝的铸态组织晶粒粗大；另外，焊缝中若含有少量的硅，还会导致在晶界处形成易熔共晶体。因此，必须控制焊丝的化学成分，如增加能细化晶粒的合金元素并限制硅的含量。

针对铝及铝合金的上述焊接特点，生产中目前最常用的是氩弧焊，其适合于各类铝合金；另外，等离子弧焊及电子束焊也适宜于焊接铝合金。

4. 铜及铜合金的焊接性

采用一般的焊接方法时，铜及铜合金的焊接性不好，焊缝中的气孔倾向大，主要是因为熔融态的铜能溶解大量的氢，而固态铜中氢的溶解度又很小，凝固时来不及逸出的氢残存在焊缝中而形成气孔。

铜及铜合金焊接接头形成热裂纹的倾向也较大，主要是因为氧在铜中以氧化亚铜（Cu_2O）的形式存在，氧化亚铜能与铜形成易熔共晶体，沿晶界分布易导致热裂纹。另外，残存在固态铜中的氢与氧化亚铜发生反应生成水蒸气。水蒸气不溶于铜，以很高的压力分布在显微空隙中，引起所谓氢脆。冷却过程中的氢脆现象，也是产生裂纹的原因之一。

铜具有很高的热导率，焊接时母材和填充金属难以熔合，因此，必须采用大功率热源，焊件厚度超过 4mm 时就必须预热到 300℃才能达到焊接温度。

焊接黄铜的主要困难是锌在焊接时会蒸发。锌的蒸发不仅会使焊缝强度及耐蚀性下降，而且锌蒸气有毒，施焊场所要注意通风。

生产中可用不同的焊接方法来焊接不同的铜材料，这样可以改善铜及铜合金的焊接性。目前，常用氩弧焊焊接纯铜、黄铜、青铜及白铜；黄铜还可采用气焊。另外，可以采用钎焊及等离子弧焊等方法进行焊接。

任务 2　确定带轮毛坯的成形方法

分析图 5-17 所示带轮的结构特点，确定其毛坯件的成形方法。

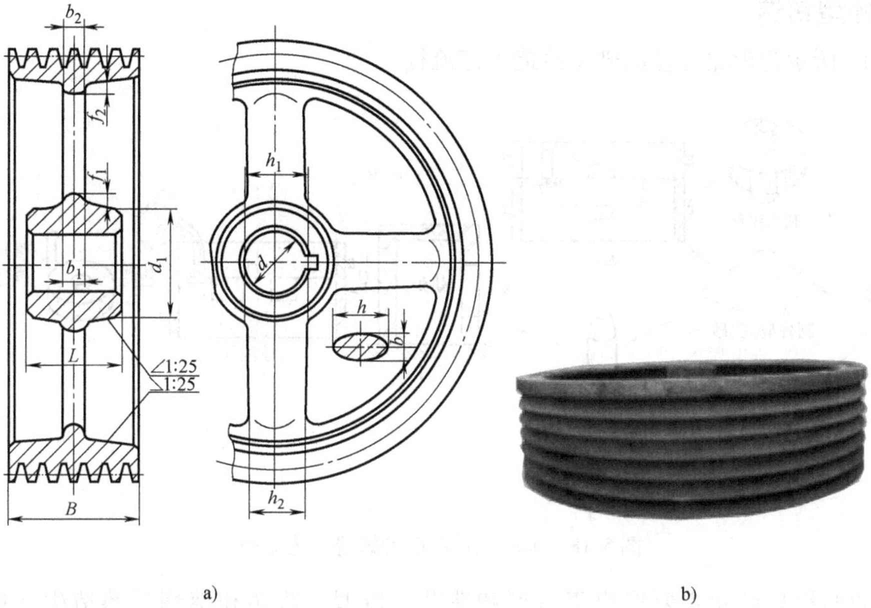

图 5-17　带轮毛坯

实施任务

1. 结构分析

图 5-17a 所示为常用带传动中的带轮结构，由图中分析，带轮由轮毂、轮辐和轮缘三部分组成，轮毂用于和轴配合连接，以传递运动和动力，轮缘上用于安装 V 带，有多条 V 形槽，轮辐是将轮毂和轮缘连接起来的结构，使其成为统一的整体，中空的地方用以减轻带轮的质量。

2. 毛坯加工方法的确定

由结构分析可知，带轮结构比较复杂，尤其有中空的结构，用一般的型材或焊接件毛坯进行加工，成本较高且加工困难，因此为保证其结构和使用要求，通常采用铸铁进行铸造获得其毛坯件，如图 5-17b 所示。

知识链接

5.2　铸造

5.2.1　铸造概述

铸造是指熔炼金属、制造铸型，并将熔融金属浇入与零件形状相适应的铸型中，待液态金属凝固后获得一定形状、尺寸和性能的金属零件或毛坯的成形方法。用铸造成形方法得到的毛坯称为铸件，多数铸件还需经过切削加工后才能成为零件。铸造成形加工过程方便、适应性强且具有良好的经济性，但铸件的力学性能较差。

铸造成形的方法很多，主要分为砂型铸造和特种铸造两类。利用砂型生产铸件的铸造方法称为砂型铸造。与砂型铸造不同的其他铸造方法，称为特种铸造。

5.2.2 砂型铸造

图 5-18 所示为齿轮毛坯的砂型铸造工艺流程。

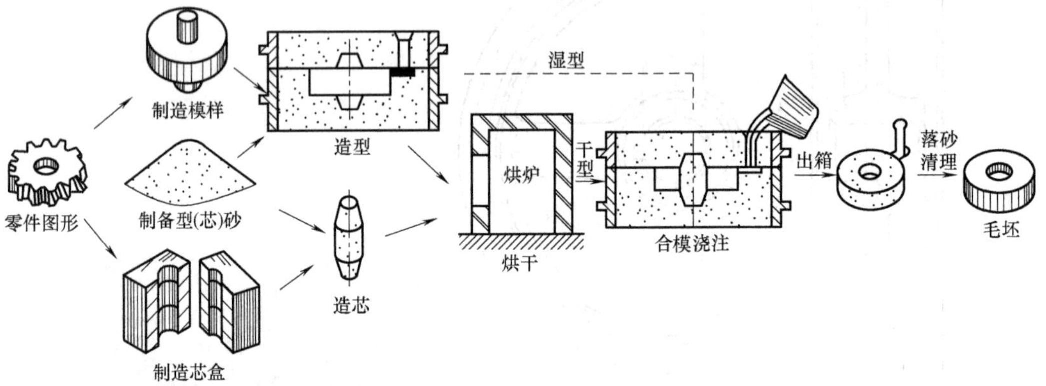

图 5-18 齿轮毛坯的砂型铸造工艺流程

铸件的形状与尺寸主要取决于造型和造芯。造型、造芯和熔炼是铸造生产中的重要工序。

1. 造型

造型是将各种造型材料按一定比例配备，混合成造型或造芯的型砂或芯砂。造型时用模样形成铸型的型腔，浇注后形成铸件的外部轮廓。在造型过程中造型材料的好坏，对铸件的质量起着决定性的作用。

(1) 造型材料　制造铸型用的材料称为造型材料。造型材料主要包括型砂和芯砂。型砂和芯砂主要由原砂（SiO_2）、黏结剂（采用黏土、水玻璃、油类、树脂等）、附加物（石墨粉、煤粉或木屑等）、旧砂和水组成。为了获得合格的铸件，造型用的型砂和芯砂应具备一定的强度、可塑性、耐火性、透气件、退让性和溃散性等性能。型砂和芯砂成本低、回用性好、强度高，能适应各种造型方法，使用较广。

(2) 造型方法

1) 手工造型。全部用手工或手动工具完成的造型方法称为手工造型。手工造型的特点是操作灵活，适应性强，模样成本低，生产准备简单。但造型效率低，劳动强度大，劳动环境差，主要用于单件、小批量生产。造型时如何将模样顺利地从砂型中取出而又不至于破坏型腔的形状，是一个很关键的问题。因此，围绕如何起模这个问题，形成了各种基本的造型方法。

① 整模造型：整模造型指模样的最大截面处于一端且为平面，使该端位于分型面处即可起模，是将模样做成与零件形状相对应的整体结构进行造型的方法。整体模造型的特点是把模样整体放在一个砂箱内，并以模样一端的最大表面作为铸型的分型面，如图 5-19 所示。

这种造型方法操作简便，模样容易制造，起模方便，不会产生错型铸件缺陷（错型是指铸件的一部分相对于另一部分在两型分界处相互错开的铸件缺陷），适用于形状简单且最大截面在某一端部的铸件，如齿轮、轴承座等零件常采用整模造型方法铸造毛坯。

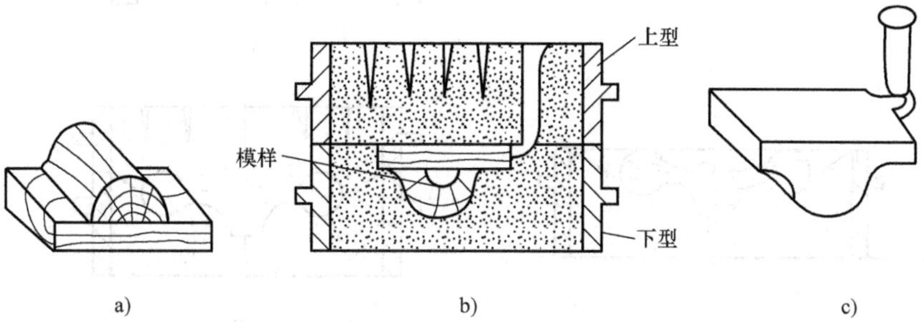

图5-19 整体模造型

a）模样 b）造型 c）落砂后的铸件

② 分模造型：模样分为两半，造型时模样分别在上、下型内进行造型的方法，如图5-20所示。此法主要用于某些没有平整的表面而且最大断面在模样中部、难以进行整模造型的铸件，可将模样在最大断面处分开，进行分模造型。这种造型方法操作简便，应用广泛，适用于生产形状较复杂的铸件以及带孔的铸件。采用分模造型方法铸造回转体类零件的毛坯非常方便，如套筒、阀体、管子、箱体等铸件。但上、下型定位不准时将产生错型铸件缺陷。

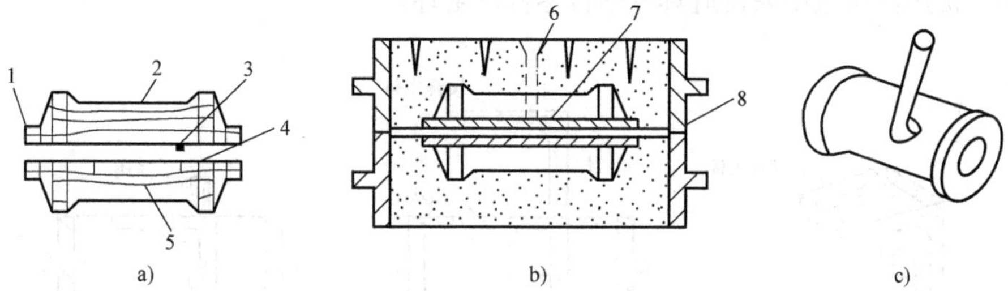

图5-20 分模造型

a）模样分成两半 b）造型 c）落砂后的铸件

1—型芯头 2—上半模 3—销钉 4—分型面 5—下半模 6—浇口杯 7—型芯 8—砂箱

③ 挖砂造型：如果模样的一端为台阶面或曲面，则必须先挖去阻碍起模的型砂，这种造型方法称为挖砂造型。挖砂造型模样虽是整体的，但铸件的分型面为曲面，为了能起出模样，造型时用手工将阻碍起模的型砂挖去。图5-21所示为手轮铸件的挖砂造型过程。挖砂造型的生产率低，劳动强度大，适用于单件小批量生产，如对于端面不平又不便分模的带轮、手轮等零件，常采用挖砂造型铸造毛坯。

④ 假箱造型：利用预先制备好的半个铸型简化造型操作的方法，称为假箱造型，如图5-22所示。其特点是比挖砂造型操作简便，且分型面整齐。此法适于小批或成批生产、分型面不是平面的铸件。

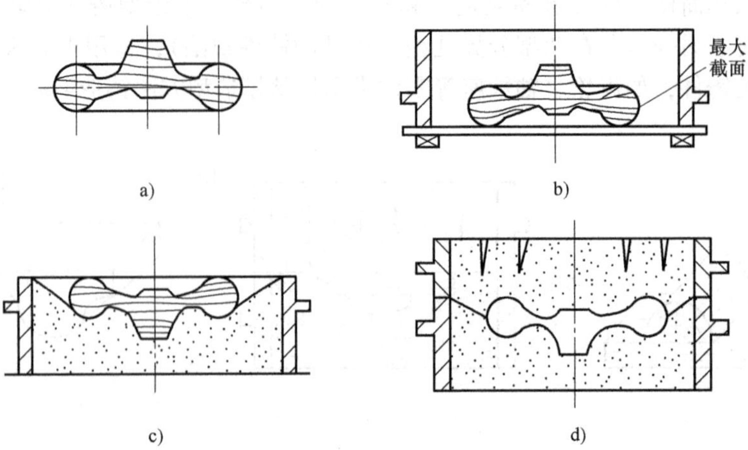

图 5-21　挖砂造型

a）手轮坯模样　b）放置模样，造下模　c）翻转，挖出分型面　d）造上型，起模，合模

⑤ 活块造型：有些铸件上有一些小的凸台、肋条等妨碍起模的部分时，可将模样的凸出部分做成活块，起模时先将主体模起出，然后再从侧面取出活块，这种造型方法称为活块造型，如图 5-23 所示。但必须注意的是活块的总厚度不得大于模样主体部分的厚度，否则活块将取不出来。显然，采用活块造型方法操作难度较大。在单件小批量生产中，常用活块造型来铸造具有凸台零件的毛坯。

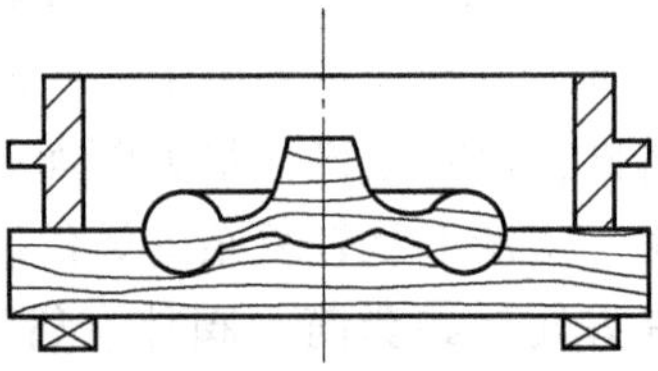

图 5-22　假箱造型

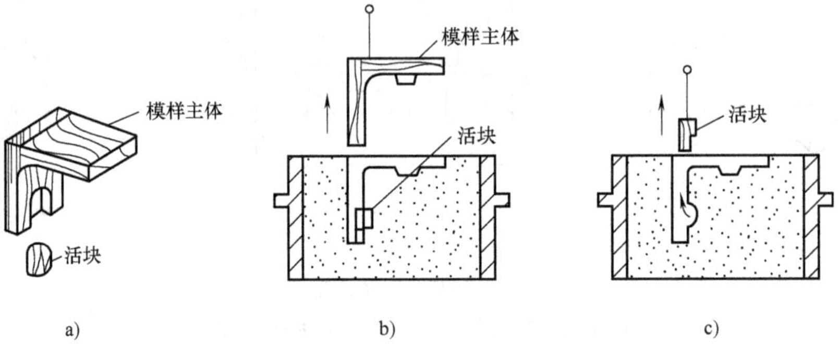

图 5-23　活块造型

a）模样　b）取出模样主体　c）取出活块

⑥ 三箱造型：当铸件的外形两端截面大而中间截面小，只用一个分型面取不出模样时，需要从小截面处分开模样，并用两个分型面、三个砂箱进行造型，这种方法称为三箱造型，如图 5-24 所示。三箱造型操作复杂，生产率低，且要求中砂箱的高度与模样的高度基本相当。在单件小批量生产中，常用于铸造两端截面较大的一类零件的毛坯。这种手工造型方法比较灵活，适应性较强，生产准备时间短，但生产率低，劳动强度大，铸件质量较差。三箱造型多用于单件小批量生产。

2）机器造型。用机器全部完成或至少完成紧砂操作的造型方法称为机器造型。机器造型的实质就是用机器代替手工通过填砂、震实、压实和起模等步骤完成造型工作。它是现代化铸造车间的基本造型方法。其特点是生产率高，铸件尺寸精度高，表面质量好，改善了劳动条件，适用于成批大量生产。机器造型能实现工序的自动化，可形成流水线生产。

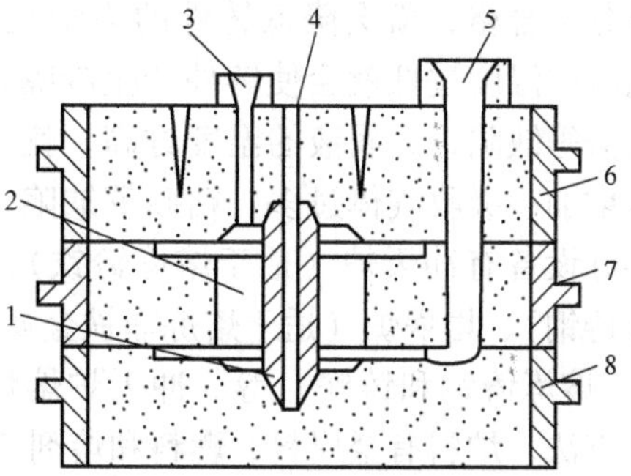

图 5-24　三箱造型

1—型芯　2—型腔　3—出气口　4—排气道　5—浇口杯　6—上型砂箱　7—中型砂箱　8—下型砂箱

2. 制芯

制造型芯的过程称为制芯。型芯主要用来获得铸件的内腔及尺寸较大的孔，但有时也可作为铸件难以起模部分的局部铸型。浇注时，由于型芯受金属液的冲击、包围和烘烤，因此，与型砂相比，芯砂必须具有较高的强度、耐火性、透气性、退让性和溃散性，这主要是靠合理配制芯砂和正确的造芯工艺来保证。因此在造芯过程中，应在型芯内开设通气孔和通气道。

在型芯里放置芯骨，小型型芯的芯骨可用钢丝制作，大、中型型芯的芯骨一般都用铸铁铸成。为了进一步提高型芯的强度和透气性，型芯须在专用的烘干炉内烘干。型芯可采用手工造芯，也可采用机器造芯。图 5-25 所示为手工芯盒造芯。

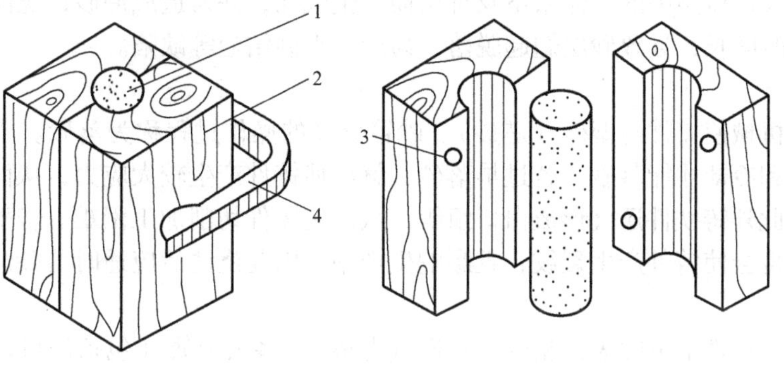

图 5-25　手工芯盒造芯

1—型芯　2—芯盒　3—定位销　4—夹钳

3. 浇注系统

为了使金属液进入型腔和冒口而开设在铸型中的一系列通道称为浇注系统。通常浇注系统由浇口杯、直浇道、横浇道和内浇道组成，如图 5-26 所示。浇注系统的主要作用是保证金属液均匀、平稳地流入并充满型腔，以避免冲坏型腔；防止熔渣、砂粒或其他杂质进入型腔；调节铸件凝固顺序或补给铸件冷凝收缩时所需的金属液。若浇注系统设计得不合理，铸件易产生冲砂、砂眼、夹渣、浇不足、气孔和缩孔等缺陷。

4. 熔炼

熔炼是指使金属由固态转变成熔融状态的过程，熔炼的任务是提供化学成分和温度都合格的熔融金属。金属熔炼质量的好坏对能否获得优质铸件有着重要的影响。如果金属液的化学成分不合格，就会降低铸件的力学性能和物理性能。金属液的温度过低就会使铸件产生冷隔、浇不足、气孔和夹渣等缺陷；金属液的温度过高，就会产生铸件总收缩量增加、吸收气体过多、粘砂等缺陷。铸造生产常用的熔炼设备有冲天炉（适于熔炼铸铁）、电弧炉（适于熔炼铸钢）、坩埚炉（适于熔炼非铁金属）、感应加热炉（适于熔炼铸钢和铸铁）等。冲天炉熔炼是目前常用的熔炼方法，炉料有金属料、燃料和熔剂三部分。

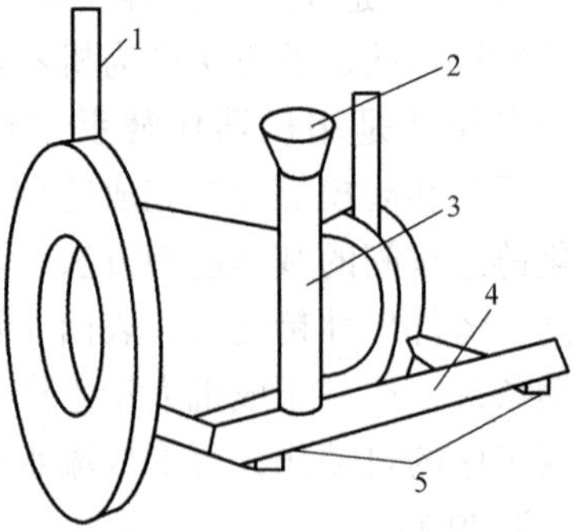

图 5-26 浇注系统

1—出气冒口 2—浇口杯 3—直浇道 4—横浇道 5—内浇道

5. 合模（合箱）

将铸型的各个单元，如上型、下型、型芯、浇口杯等组合成一个完整铸型的操作过程称为合模。合模后要保证铸型型腔几何形状、尺寸的准确性和型芯的稳固性。型芯放好并经检验后，才能扣上上型和放置浇口杯。

6. 浇注

将金属液从浇包注入铸型的操作，称为浇注。金属液应在一定的温度范围内按规定的速度注入铸型。若浇注温度过高，金属液吸气多，液体收缩大，铸件就容易产生气孔、缩孔、裂纹及粘砂等缺陷；若浇注温度过低，金属液流动性变差，就会产生浇不足、冷隔等缺陷。浇注速度过快会使铸型中的气体来不及排出而产生气孔，并易造成冲砂；浇注速度过慢会使型腔表面烘烤时间长，导致砂层翘起脱落，易产生夹砂结疤等缺陷。

7. 落砂

用手工或机械使铸件与型砂（芯砂）、砂箱分开的操作过程称为落砂。浇注后，必须经过充分的凝固和冷却才能落砂。若过早落砂，就会使铸件产生较大应力，从而导致铸件产生变形或开裂；此外铸铁件还会形成白口组织，从而使铸件切削加工困难。若落砂过晚，由于收缩应力大，也会使铸件产生裂纹，且影响生产率，因此浇注后应适时落砂。

8. 清理

落砂后，从铸件上清除表面粘砂、型砂（芯砂）、多余金属（包括浇口、冒口、飞边和氧化皮）等操作称为清理。清理主要是去除铸件上的浇口、冒口、型芯、粘砂及飞边等部分。通常采用机械切割、气割、铁锤敲击等方法。

9. 检验

铸件清理后应进行质量检验。可根据技术要求仔细检查，通过眼睛观察（或借助尖嘴锤）找出铸件的表面缺陷，如气孔、砂眼、粘砂、缩孔、浇不足、冷隔等，对于铸件内部缺陷可进行耐压试验、超声波探伤等。合格的铸件应进行去应力退火或自然时效，变形的铸件应矫正。

5.2.3 金属的铸造性能

金属在铸造成形过程中获得外形准确、内部健全铸件的能力，称为金属的铸造性能。金属的铸造性能主要指金属的流动性和收缩性。了解金属的铸造性能及其影响因素，对于选择合理的铸造合金、进行合理的铸件结构设计、制定合理的铸造工艺和保证铸件质量有着十分重要的意义。常用的铸造金属有铸铁、铸钢、铸造铝合金和铸造铜合金等。

1. 金属的流动性

流动性是指金属液的流动能力，是影响金属液充型能力的主要因素之一。金属液的流动性好，充型能力强，就容易获得尺寸准确、外形完整和轮廓清晰的铸件，避免产生冷隔和浇不足等缺陷，也有利于金属液中非金属夹杂物和气体的排出，避免产生夹渣和气孔等缺陷，还有利于在凝固过程中金属液的补缩，避免产生缩孔和缩松等缺陷。

金属液流动性的大小与浇注温度、化学成分和铸型的充填条件等因素有关。

2. 金属的收缩性

合金在液态凝固和冷却至室温的过程中，产生体积和尺寸减小的现象称为收缩。收缩是铸造合金本身的物理性质，是铸件中缩孔、缩松、裂纹、变形、残留内应力产生的基本原因。

合金从浇注温度冷却到室温要经过液态收缩、凝固收缩和固态收缩三个阶段。液态收缩是指金属液从浇注温度冷却到凝固开始温度的体积收缩；凝固收缩是指金属液在凝固阶段的体积收缩；固态收缩是指金属从凝固终止温度冷却到室温而发生的体积收缩。

合金的液态收缩和凝固收缩主要表现为合金的体积减小，通常用体积收缩率来表示。这两种收缩使型腔内液面降低，它们是形成铸件缩孔和缩松缺陷的主要原因。合金的固态收缩，虽然也是体积变化，但它主要表现为铸件外部尺寸的变化，因此，通常用线收缩率来表示。若金属的收缩率小，可获得尺寸准确、组织致密的铸件；若收缩率大，将可能导致许多铸件缺陷，如缩孔和缩松、变形与裂纹。固态收缩是铸件产生内应力、变形和裂纹等缺陷的主要原因。

影响收缩性的因素有金属的化学成分、浇注时的温度、铸件结构和铸型条件等。

任务3　确定曲轴毛坯的成形方法

分析图5-27所示曲轴的结构特点，确定其毛坯件的成形方法。

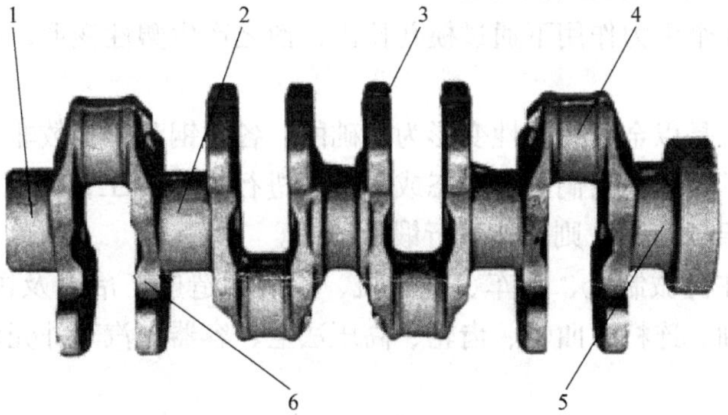

图5-27　曲轴

1—前轴端　2—主轴颈　3—平衡重　4—连杆轴颈　5—后轴端　6—曲轴臂

实施任务

1. 结构分析

图5-27所示为汽车发动机中常用的曲轴结构，由图中分析，曲轴由前轴端、主轴颈、

连杆轴颈、曲轴臂、平衡重和后轴端等部分组成，主轴颈和连杆轴颈的轴线是不同轴的，不同于一般的传动轴结构，且为保证传动的平稳性要求，由平衡重结构来平衡其离心力、离心力矩和惯性力。

2. 毛坯加工方法的确定

由结构分析可知，曲轴的结构以圆柱体为主，且有较高的刚度和强度等性能的要求，用一般的型材或铸造件毛坯进行加工，成本较高且加工困难，更达不到其性能要求，因此为保证其结构和使用性能，通常采用锻造的方法获得毛坯件。

知识链接

5.3 锻压

5.3.1 锻压的基础知识

1. 概述

锻压是指对坯料施加外力，使其产生塑性变形，改变形状、尺寸及改善性能，用以制造机械零件或毛坯的成形加工方法，它是锻造和冲压的总称。常见的金属锻压加工方法有锻造、冲压、挤压、轧制和拉拔等。

锻造是指在加压设备及工（模）具的作用下使坯料、铸锭产生局部或全部的塑性变形，以获得一定几何尺寸、形状和质量的锻件的加工方法。

冲压是指使坯料经分离或成形而得到制件的加工方法。

挤压是指在封闭模膛内在三向不均匀压应力作用下，坯料横截面积减少、长度增加，从模具的孔口或缝隙挤出成为所需制品的加工方法。

轧制是指金属材料（或非金属材料）在旋转轧辊的压力作用下，产生连续塑性变形，获得所要求的截面形状并改变其性能的加工方法。

拉拔是指坯料在牵引力作用下通过模孔拉出，使之产生塑性变形，截面缩小、长度增加的加工方法。

总之，锻压加工是以金属的塑性变形为基础的，各种钢和大多数非铁金属及其合金都具有不同程度的塑性，因此，它们可在冷态或热态下进行锻压加工，而脆性材料（如灰铸铁、铸造铜合金、铸造铝合金等）则不能进行锻压加工。

金属锻压加工在机械制造、汽车、拖拉机、仪表、造船、冶金及国防等工业中应用广泛，常用于制造主轴、连杆、曲轴、齿轮、高压法兰、容器、汽车外壳、电动机硅钢片、武器、弹壳等。

2. 金属锻压成形加工的主要特点

1）改善了金属内部组织，提高金属的力学性能。

2）节省金属材料。

3）具有较高的生产率。

4）生产范围广。

金属锻压成形加工的不足之处是，不能获得形状较复杂的工件，一般工件的尺寸精度、形状精度和表面质量还不够高，加工设备比较昂贵，工件的加工成本比铸件高。

5.3.2　金属锻造加工工艺简介

1. 坯料加热

坯料加热的目的是提高金属的塑性和降低变形抗力，以改善其可锻性并获得良好的锻后组织。加热后锻造可以用较小的锻打力量使坯料产生较大的变形而不破裂。非合金钢、低合金钢和合金钢锻造时都尽可能在单相的奥氏体区内进行，因为奥氏体组织具有良好的塑性和均匀一致的组织。

2. 成形

（1）自由锻　自由锻是指只用简单的通用工具，或在锻造设备的上下砧间，直接对坯料施加外力，使金属能够向没有受到锻造工具工作表面限制的各方向流动，从而发生变形，获得所需的几何形状及内部质量的锻件的加工方法。自由锻的基本工序包括镦粗、拔长、冲孔、切割、弯曲、扭转、错移和锻接等。

1）镦粗。镦粗是指使毛坯高度减小、横截面积增大的锻造工序，如图5-28所示。镦粗常用于锻造圆盘类零件的毛坯。

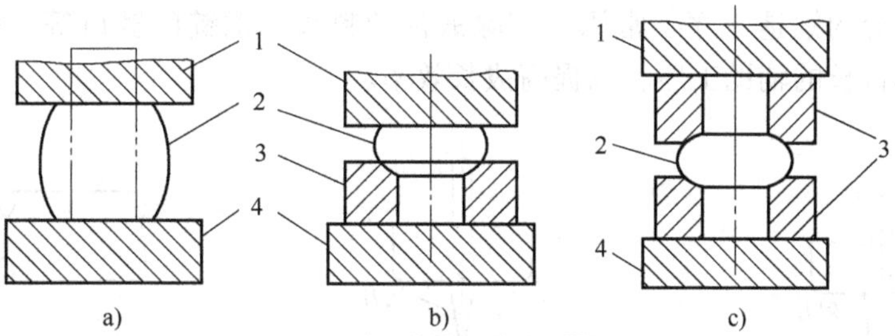

图5-28　镦粗

a）完全镦粗　b）一端镦粗　c）中间镦粗

1—上砧　2—锻件　3—套筒　4—下砧

2）拔长。拔长是指使毛坯横断面积减小、使长度增加的锻造工序，常用于锻造轴杆类零件的毛坯。当拔长量不大时，通常采用平砧拔长，如图5-29a所示；当拔长量较大时，则常用赶铁拔长，如图5-29b所示；对于空心的套类工件，必须使用芯轴拔长，如图5-29c所示。

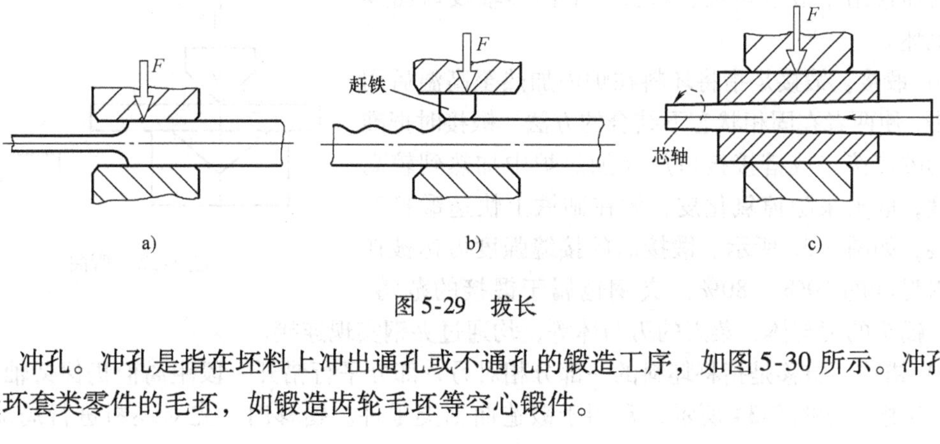

图5-29　拔长

3）冲孔。冲孔是指在坯料上冲出通孔或不通孔的锻造工序，如图5-30所示。冲孔常用于锻造环套类零件的毛坯，如锻造齿轮毛坯等空心锻件。

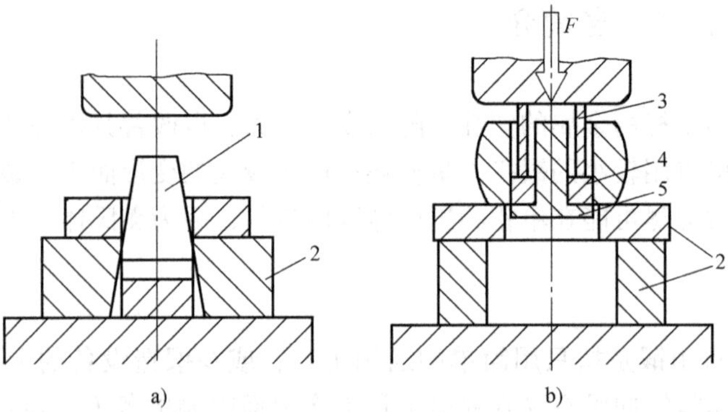

图 5-30　冲孔

a）实心冲头冲孔　b）空心冲头冲孔

1—冲头　2—漏盘　3—上垫　4—空心冲头　5—芯料

4）切割。切割是指将坯料分成几部分或部分地割开，或从坯料的外部割掉一部分，或从内部割出一部分的锻造工序。常用于切除锻件的料头、钢锭的冒口等，如图 5-31 所示。局部切割常用作拔长的辅助工序，以提高拔长效率。

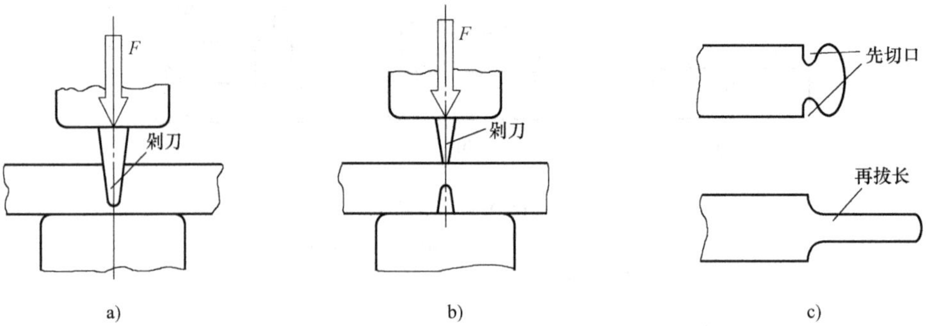

图 5-31　切割

a）单面切割　b）双面切割　c）局部切割后拔长

5）弯曲。弯曲是指采用一定的工模具将毛坯弯成所规定外形的锻造工序，如图 5-32 所示。弯曲常用于锻造角尺、弯板、吊钩等轴线弯曲零件的毛坯。

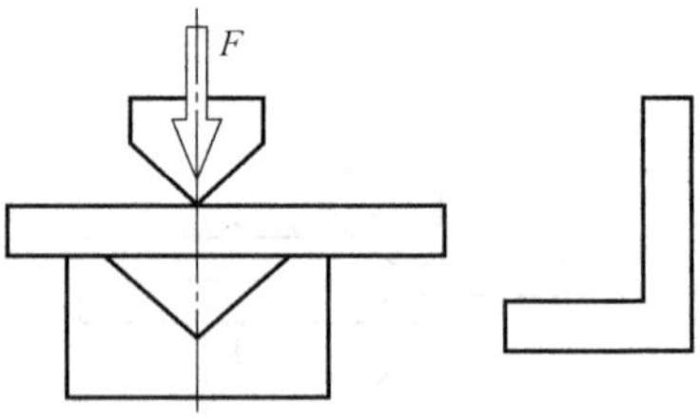

图 5-32　弯曲

6）锻接。锻接是指将坯料在炉内加热至高温后用锤快击，使两者在固相状态下结合的方法。锻接时把准备好的咬接接口或搭接接口放在加热炉中加热到较高的温度，取出来除掉氧化皮，放在砧铁上快速锻打实现连接，如图 5-33 所示。锻接后的接缝强度可达被连接材料强度的 70% ~80%。夹钢也属于锻接的范畴，例如，锄头的刃与体、菜刀的刃与体等，均通过夹钢实现连接。

7）错移。错移是指将坯料的一部分相对另一部分平行错开一段距离但仍保持轴线平行的锻造工序。如图 5-34 所示，常用于锻造曲轴类零件。错移时，先对坯料进行局部切口，

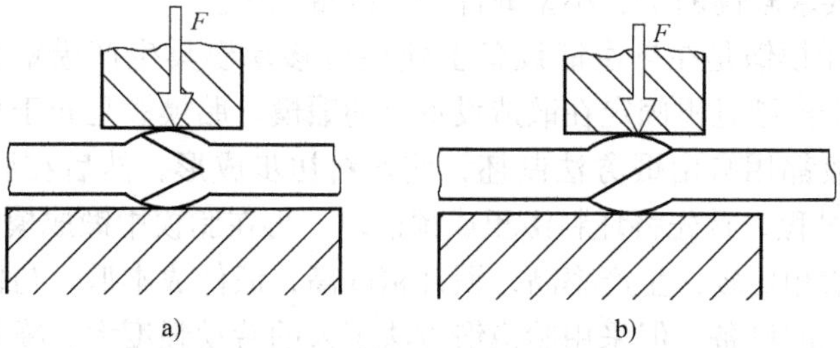

图 5-33　锻接

a）咬接　b）搭接

然后在切口两侧分别施加大小相等、方向相反且垂直于轴线的冲击力或压力，使坯料的两部分之间实现错移。

8）扭转。扭转是将坯料的一部分相对于另一部分绕其轴线旋转成一定角度的锻造工序。该工序多用于锻造多拐曲轴和校正某些锻件。小型坯料扭转角度不大时，可用锤击方法，如图 5-35 所示。

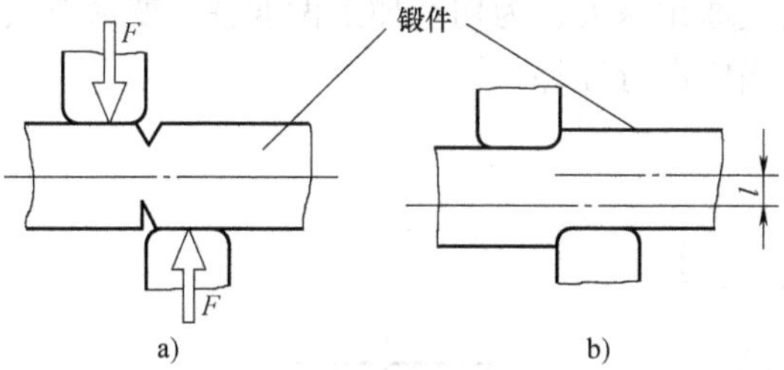

图 5-34　错移

a）切口　b）错移

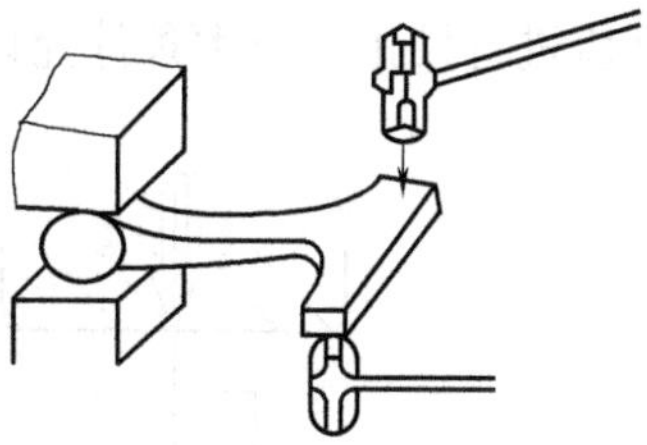

图 5-35　用锤击扭转

自由锻方法灵活，是历史最悠久的一种锻造方法，能够锻造出不同形状的锻件，如圆截面轴类、方截面杆类、空心类、饼块类等。自由锻所用设备及工具具有通用性大、成本低等特点。自由锻由于是逐步成形的，所需变形力较小，所以，它是锻造大型零件的唯一方法。但这种方法生产率较低，锻件精度低，多用于形状比较简单、精度要求不高的单件或小批量生产。

（2）模锻　模锻是利用模具使毛坯变形而获得锻件的锻造方法。模锻件的形状尺寸主要由锻模控制，通过锻模对坯料整体锻打成形，需要的变形力较大。

模锻与自由锻相比，具有生产率高、锻件尺寸精度高、表面粗糙度值小、节省金属材料和机加工工时、易于机械化、可成批大量生产、操作简单、劳动强度低等优点。但模具费用昂贵，需要能力较大的专用设备。根据所使用的设备不同，模锻可分为锤上模锻、曲柄压力机上模锻、摩擦压力机上模锻及平锻机上模锻等。图 5-36 所示为锤上模锻。由于受模锻设备吨位的限制，模锻件质量一般在 150kg 以下。模锻主要适用于形

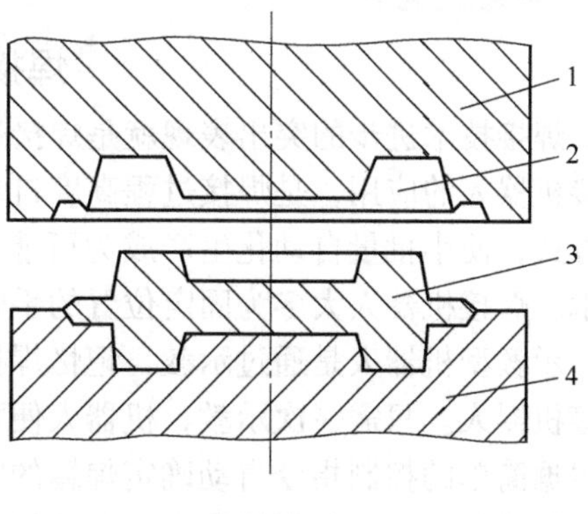

图 5-36　锤上模锻

1—上锻模　2—锻模模膛　3—模锻件　4—下锻模

状比较复杂，精度要求较高的中、小型锻件的大批量生产。

（3）胎模锻　胎模锻是在自由锻设备上使用可移动模具生产模锻件的一种锻造方法。胎模是一种只有一个模膛且不固定在锻造设备上的锻模。胎模锻是介于自由锻和模锻之间的一种锻造方法，一般都用自由锻方法制坯，使坯料初步成形，然后在胎模中终锻成形。图5-37所示为胎模锻过程，首先将坯料镦粗成预锻坯，再在胎模中锻成模锻件。

胎模锻与自由锻相比较，生产率高，锻件精度高，锻件成本低；与模锻相比较，工艺灵活，不需要较大吨位的设备。但采用胎模锻方法工人的劳动强度大，模具的寿命短，生产率低。因此，常采用胎模锻方法生产小批量的中、小型锻件。

3. 锻后处理

热锻成形的锻件锻后通常要根据其化学成分、尺寸、形状复杂程度等来确定相应的冷却方法。中低碳钢小型锻件锻后常单个或成堆放在地上自然冷却；低合金钢锻件及截面宽大的锻件则需要放入坑中，埋在砂、石灰或炉渣等填料中缓慢冷却；高合金钢锻件及大型锻件的冷却速度更缓慢，通常要随炉缓冷。如果冷却方式不当，就会使锻件产生内应力、变形，甚至裂纹。冷却速度过快还会使锻件表面产生硬皮，难以切削加工。锻件冷却后应仔细进行质量检验，合格的锻件应进行去应力退火或正火或球化退火，为切削加工做准备。变形较大的锻件应进行校正。技术条件允许焊补的锻件缺陷应进行焊补。

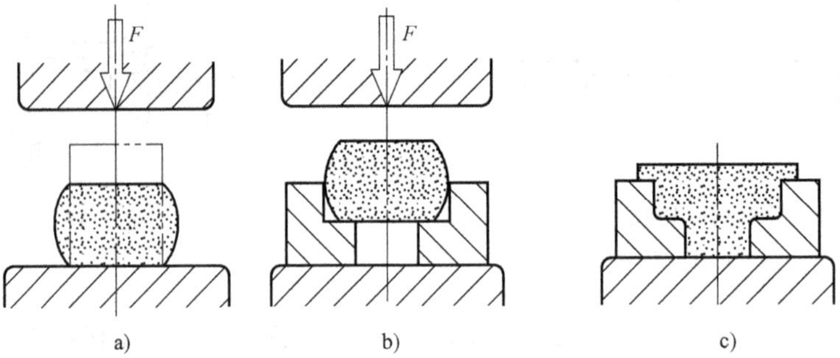

图5-37　胎模锻过程

a）镦粗　b）放入胎模　c）胎模锻成形

知识拓展

焊接技术发展简介

焊接技术进步的突出表现就是焊接过程由机械化向自动化、智能化和信息化发展。智能焊接机器人的应用，是焊接过程高度自动化的重要标志。焊接机器人突破了焊接自动化的传统方式，使小批量自动化生产成为可能。目前，全世界50%以上的工业机器人适用于焊接技术。焊接机器人大多为固定位置的手臂式机械，有示教型和智能型两种。

示教型机器人是通过示教，记忆焊接轨迹及焊接参数，并严格按照示教程序完成产品的焊接机器人。只需一次示教，机器人便可以精确地再现示教的每一步操作；智能型机器人可以根据简单的控制指令自动确定焊缝的起点、空间轨迹及有关参数，并能根据实际情况自动跟踪焊缝轨迹，调整焊炬姿态，调整焊接参数，控制焊接质量，这是最先进的焊接机器人。

焊接技术的发展水平，是一个国家机械制造和科学技术发展水平的标志之一。目前焊接技术的发展趋势具有如下特点：

1）随着新的焊接材料和结构的不断出现，需要开发新的焊接工艺方法。

2）改进常用的普通焊接工艺方法，提高焊接过程机械化、自动化水平，提高焊接质量和生产率。

3）采用电子计算机控制焊接过程，大力推广焊接机器人、焊接中心。

4）发展专用成套焊接设备。

比较成熟的焊接新技术有：

1. 超声波焊接

超声波焊接是利用超声波的高频振荡对工件接头进行局部加热和表面清理，然后施加压力实现焊接的一种压焊方法。进行超声波焊接时，焊件表面无变形，表面不需严格清理，焊接质量高。超声波焊接适合于焊接厚度小于0.5mm的工件。目前广泛应用于无线电、仪表、精密机械及航空工业等部门。

2. 扩散焊

扩散焊是指将工件在高温下加压，但不产生可见变形和相对移动的固态焊接方法。扩散焊的特点是焊接接头质量高，焊件变形小。它能焊接同种和异种金属材料，特别是不适于熔焊的材料，还可用于金属与非金属间的焊接，能用小件拼成力学性能均一和形状复杂的大件，以代替整体锻造和机械加工。

3. 激光焊

激光焊是指以聚焦的激光束轰击焊件所产生的热量进行焊接的方法。其特点是能量密度高，焊接速度快；焊缝可极为窄小，变形很小；灵活性较大，并可实现一般焊接方法难以接近的接头或无法安置的焊接点及远距离焊接，多用于仪器、微电子工业中超小型元件及空间技术中特种材料的焊接。此外，激光还可以用来切割各种金属与非金属材料。

4. 电子束焊

电子束焊是指利用加速和聚焦的电子束轰击置于真空或非真空中的焊件所产生的热能进行焊接的方法。其焊接特点是能量利用率高，速度快，焊缝窄而深，焊接变形很小，焊缝金属纯净，焊接质量很高，但焊接设备复杂，造价高，使用与维护技术高。在原子能、航空航天等尖端技术部门应用日益广泛。

5. 爆炸焊

爆炸焊是利用炸药爆炸产生的冲击力造成工件的迅速碰撞，实现连接工件的一种压焊方法，爆炸焊的质量较高，工艺操作简单，爆炸焊主要用来生产复合材料。美国“阿波罗”登月宇宙飞船的燃料箱用钛板制成，它与不锈钢管的连接采用了爆炸焊方法。

铸造技术发展简介

随着机械制造水平的不断提高，机械制造对铸造技术也提出了更高的要求。目前，铸造技术正朝着优质、高效、节能、低耗、自动化和污染小的方向发展，而且一些新的科技成果正逐步走出实验室，与传统工艺结合创造出新的铸造方法，不断满足机械制造方面新的需要。计算机在铸造生产中的应用，使铸件生产的集约化与清洁化有较大的进展。

1. 实型铸造

实型铸造又称为消失模铸造。该方法与砂型铸造的主要区别是它不用木模，而是用一种热塑性高分子材料——聚苯乙烯泡沫塑料制成模样和浇注系统。造型后不取出模样，浇注时模样和浇注系统受热后气化并蒸发，于是金属液占据其空间，冷却后形成铸件。

实型模铸造投资少，见效快，铸件的尺寸精确；造型工艺简单，不用砂芯，极易落砂，劳动强度降低；铸件表面质量好，清理打磨工作量减少。但消失模气化时产生大量气雾，污染空气；泡沫塑料模具设计生产周期长，成本高，批量生产才能显现优势。

实型模铸造可适用于单件生产的重型铸钢件和铸铁件（其质量可达50t），以及各类合金，形状复杂的铸件，如模具、管件、曲轴、叶轮、壳体、床身、机座等。

2. 磁型铸造

用聚苯乙烯泡沫塑料制成带有浇注系统的气化模样，并在模样上涂抹涂料，置于不导磁的铝制砂箱中，往铝制箱中充填铁丸或钢丸，经震动紧实后，移入强大的磁场中。在强磁场的作用下，铁丸或钢丸相互吸引，形成一个牢固的、透气性能良好的整体铸型，然后浇注。当金属液浇入磁型时，高温金属将气化模逐渐烧失，而占据型腔，待冷却凝固后撤掉磁场，则磁型自然散落，从而获得铸件的方法。

磁型铸造无灰尘污染，造型用铁丸可反复使用；造型、落砂清理方便，降低了劳动强度；不用起模，铸件的尺寸精确，表面质量好。其缺点是气化模燃烧会造成污染。

磁型铸造已在机车车辆、拖拉机、兵器、采掘、动力、轻工、化工等制造业得到应用，适用于各种批量、各种合金的中、小型铸件，不适宜于厚大复杂的铸件。

3. 压力铸造（简称压铸）

压力铸造是在高压作用下，使液态或半液态金属以较高的速度充填压铸型型腔，并在压力下成形和凝固而获得铸件的方法。高压和高速充填压铸型是压铸的两大特点。

压铸成形的铸件尺寸精度高，表面粗糙度数值低，强度和硬度较高，强度一般比砂型铸造高，尺寸稳定，互换性好；压铸型模寿命长，生产率高，易实现机械化和自动化；压铸件一般不再进行机械加工而直接使用，或加工量很小，所以既提高了金属利用率，又减少了大量的加工设备和工时。压铸虽然有许多优点，但也有一些缺点，由于压铸时液态金属充填型腔速度高，流态不稳定，故采用一般压铸法，铸件易产生气孔，不能进行热处理；对内部结构复杂的铸件，压铸较为困难；铸件的延伸率较差；压铸型制造成本高，压铸机生产率高，小批量生产不经济。

压铸是最先进的金属成形方法之一，是实现少切削、无切削的有效途径，应用很广，发展很快。目前压铸合金不再局限于有色金属的锌、铝、镁和铜，而且也逐渐扩大用来压铸铸铁和铸钢件。

4. 熔模铸造

先用蜡做成模型，再在其外表裹一层黏土等耐火材料，加热使蜡熔化流出，从而得到由耐火材料形成的空壳，再将金属熔化后灌入空壳，待金属冷却后将耐火材料敲碎得到金属型件，这种加工金属的工艺称为熔模铸造，也称为精密铸造或失蜡铸造。

熔模铸件的形状一般都比较复杂，铸件上可铸出孔的最小直径可达0.5mm，铸件的最小壁厚为0.3mm。在生产中可将一些原来由几个零件组合而成的部件，通过改变零件的结构，设计成为整体零件而直接由熔模铸造铸出，以节省加工工时和金属材料的消耗，使零件结构更为合理。

熔模铸造是一种少切削或无切削的铸造工艺，采用熔模铸造工艺生产出来的铸件在尺寸精度、表面质量方面均比其他铸造方法铸造出来的铸件要高，可完成一些复杂度高、不易加工的铸件生产；熔模铸造工艺过程较复杂，且不易控制，使用和消耗的材料较贵，适用于生产形状复杂、精度要求高或很难进行其他加工的小型零件，如涡轮发动机的叶片等。

可用熔模铸造法生产的合金种类有碳素钢、合金钢、耐热合金、不锈钢、精密合金、永磁合金、轴承合金、铜合金、铝合金、钛合金和球墨铸铁等。

随着计算机技术的发展和广泛应用，将计算机应用到铸造生产中，已取得了越来越好的效果。利用计算机求解物理过程的数值解，称为计算机数值模拟。利用计算机求解铸造过程的数值解，称为铸造过程计算机数值模拟。利用这种技术可以对极为复杂的铸造过程进行定量描述和仿真，模拟出铸件充型、凝固及冷却中的各种物理过程，并依此对铸件的设计结构和质量进行综合评价，可简化和方便设计过程，提高设计速度，优化设计方案。

锻压技术发展简介

随着科学技术的不断发展，现代锻压技术取得了突破性的进展，出现了许多先进的加工方法。这些新工艺、新技术不但提高了锻压件的质量和精度，从而实现少、无切削加工，降低工件成本，而且还突破了材料的限制，使过去难以锻压的材料及复合材料的锻压成形成为现实。

1. 精密模锻

精密模锻是提高锻件精度和表面质量的一种先进工艺，是在普通模锻设备上直接锻造出形状复杂、精度可达IT10 ~ IT12、表面粗糙度 Ra 值达3.2 ~ 0.8μm的锻件或零件的工艺方法。精密模锻锻件无须进行切削加工即可直接使用，但在加工过程中必须采取一系列相应的工艺措施，工艺要求非常严格。精密模锻近年来发展较快，汽车、拖拉机中的直齿锥齿轮、飞机操纵杆、涡轮机叶片、发动机连杆及医疗器械等复杂零件均采用了精密模锻技术。精密模锻在中、小型复杂零件的大批量生产中得到了较好的应用。

2. 粉末锻造

粉末锻造是将粉末冶金法与精密锻造相结合的一种金属加工方法。首先应用粉末冶金法将金属原料及其他材料制成粉末，混匀后用锻模压制成形，烧结后用锻模进行锻制，经后处理后获得尺寸精度高、表面质量好、内部组织致密的锻件。粉末锻造在现代汽车制造业中得到了广泛的应用。

3. 液态模锻

液态模锻是将定量的熔融金属直接浇注到锻模模膛内，在金属即将凝固或半凝固状态下，用冲头加压，使之在压力下流动充型和结晶，凝固后得到所需形状锻件的加工方法。液态模锻是介于铸造和模锻之间的一种少切削或无切削的加工工艺。既具有压力铸造工艺简单、可生产形状复杂制件、制造成本较低的特点，又具有模锻件晶粒细小、内部组织紧密、力学性能好、成形精度高的优点。液态模锻所需锻造压力较小，仅为模锻压力的20%。目前主要用于有色金属的锻造。

4. 多向模锻

多向模锻是将坯料放于模具内，用几个冲头从不同方向同时或先后对坯料施加脉冲力，以获得形状复杂的精密锻件，其变形实质上是复合了挤压与模锻。多向模锻一般需要在具有多向施压的专门锻造设备上进行。这种锻压设备的特点就在于能够在相互垂直或交错方向加压。多向模锻采用封闭式锻模，没有飞边槽，锻件可设计成空心或实心的，零件易卸出，拔模斜度小。

多向模锻的锻件精度高，材料的利用率较高，节省加工工时；且以挤压成形为主，金属分布合理，金属流线完好理想，力学性能好，强度一般能提高30%以上，延伸率也有提高；模锻模具结构简单，使用寿命长，维护方便，可提高生产率，降低成本。采用挤压成形的多向模锻又称三维挤压。

多向模锻的缺点是，必须采用专用多向模锻压力机；毛坯加热时抗氧化要求高，只允许有一层极薄的氧化皮；毛坯尺寸要求严格，下料必须准确。

知识巩固

金属热加工实践报告

实践名称	
实践目的	
实践用设备（或器材）	
实践步骤	
实践结果	
知识点巩固练习	1. 名词解释：焊接、焊接性、焊条电弧焊、气体保护焊。 2. 焊接接头的基本形式有哪些？ 3. 酸性焊条和碱性焊条有什么不同？如何应用？ 4. 列举焊缝的四种空间位置。 5. 焊条的焊芯和药皮各起什么作用？ 6. 焊条的选用原则有哪些？ 7. 坡口的基本形式有哪些？ 8. 铸造生产有哪些特点？

（续）

知识点巩固练习	9. 铸造生产的重要工序有哪些？ 10. 造型用的型砂和砂芯应具备哪些性能？ 11. 手工造型方法有哪些？ 12. 浇注系统由哪些部分组成？ 13. 名词解释：铸造、造型、造芯。 14. 说明金属的收缩性。 15. 名词解释：锻压、锻造、冲压、热加工、可锻性。 16. 锻造之前加热的目的是什么？ 17. 金属锻压加工的主要特点是什么？ 18. 影响金属可锻性的因素有哪些？ 19. 自由锻的基本工序包括哪些？ 20. 简述冲压工艺流程。

课题 6

金属切削加工基础

能力目标

1. 了解金属切削运动及其特点。
2. 熟悉常用的金属切削工艺装备。
3. 重点了解车削、铣削加工的应用范围、加工特点和加工方法。

任务1　加工传动轴

加工图6-1所示的传动轴，批量生产，60件。

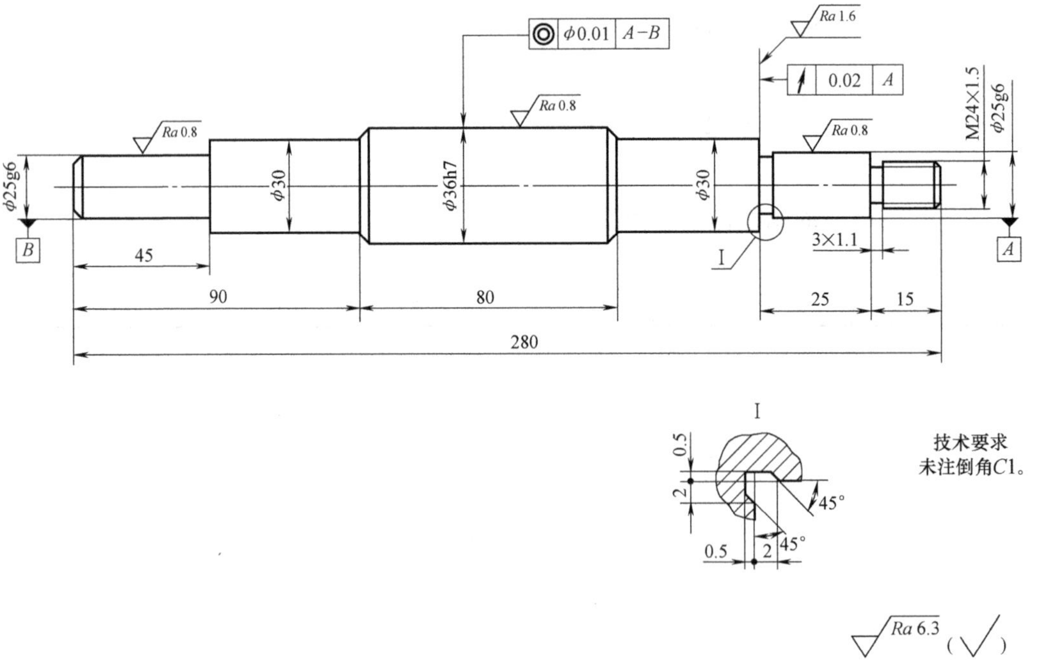

图6-1　传动轴

实施任务

1. 图样分析

（1）尺寸精度　尺寸精度主要包括直径和长度尺寸精度等，如图6-1所示，给定公差数值的有ϕ36h7、ϕ25g6等。

（2）位置精度　位置精度包括同轴度、平行度、垂直度、径向圆跳动和轴向圆跳动等，如图6-1所示的ϕ36h7的轴线与ϕ25g6的轴线的同轴度公差为ϕ0.01mm。

（3）表面粗糙度　在普通车床上车削金属材料时，一般表面粗糙度可达$Ra1.6\mu m$，未注表面粗糙度为$Ra6.3\mu m$，重要表面的表面粗糙度为$Ra0.8\mu m$，需磨削加工，如图6-1所示。

2. 加工工艺分析

1）由于工件精度公差要求较高，故加工过程应划分为粗车-半精车-磨削加工等阶段。

2）各主要轴颈必须经过磨削，而对车削要求不高，故可采用一夹一顶的装夹方法，可保证装夹刚度，且轴向定位较准确，台阶长度容易控制。但是必须注意，工件毛坯两端不能先钻中心孔，应该将一端车削后，再在另一端搭中心架钻中心孔，或者用卡盘夹持找正已加工面后钻中心孔。

3）ϕ36h7及两端ϕ25g6的外圆表面粗糙度值较小，同轴度要求较高，需经磨削，车削时必须留磨削余量。

3. 工艺准备（表6-1）

表6-1　工艺准备

序号	名称		准备事项
1	材料		45钢，ϕ40mm×285mm的棒料60根
2	设备		CA6140（自定心卡盘），外圆磨床M131W
3	工艺装备	刀具	45°弯头车刀，90°外圆车刀，外圆车槽刀（切削刃宽为3mm），M24×1.5外螺纹车刀等
4		量具	游标卡尺0.02mm/（0～150mm），千分尺0.01mm/（0～25mm、25～50mm），钢直尺，M24×1.5-6g的螺纹环规、牙型样板等
5		工具、附具	一字形螺钉旋具，活动扳手，顶尖及钻夹具，其他常用工具

4. 操作步骤及加工简图（表6-2）

表6-2　操作步骤及加工简图

序号	操作步骤	加工简图
1	夹住毛坯外圆 1）车端面。 2）钻中心孔ϕ2.5mm 用顶尖支顶 1）车$\phi36_{-0.025}^{0}$mm外圆至$\phi36_{+0.4}^{+0.6}$mm×175mm 2）车ϕ30mm外圆合格，长90mm 3）车$\phi25_{-0.025}^{0}$mm外圆至$\phi25_{+0.4}^{+0.6}$mm×45mm 4）倒角C1	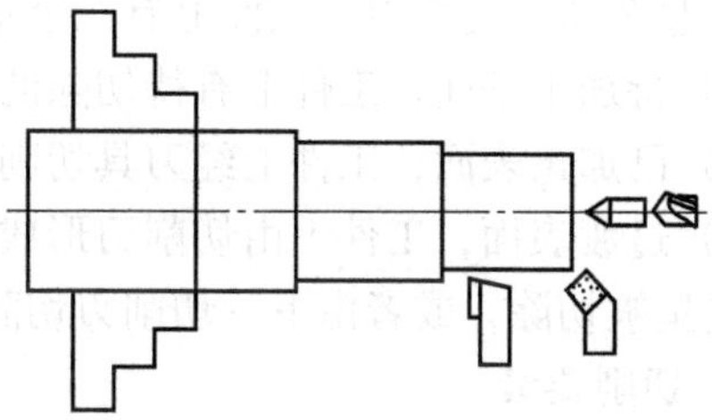

（续）

序号	操作步骤	加工简图
2	掉头夹紧外圆车端面，取总长至280mm 钻中心孔 $\phi2.5$mm 用顶尖支顶 1）车 $\phi30$mm 外圆合格，保证80mm尺寸 2）车 $\phi25_{-0.025}^{0}$mm 外圆至 $\phi25_{+0.4}^{+0.6}$mm × 40mm 3）车 M24×1.5 外圆至 $\phi24$mm × 15mm 4）车 $\phi30$mm 右端轴肩槽至尺寸 5）车 3mm×1.1mm 槽至尺寸 6）倒角 $C1$ 7）车 M24×1.5 螺纹合格	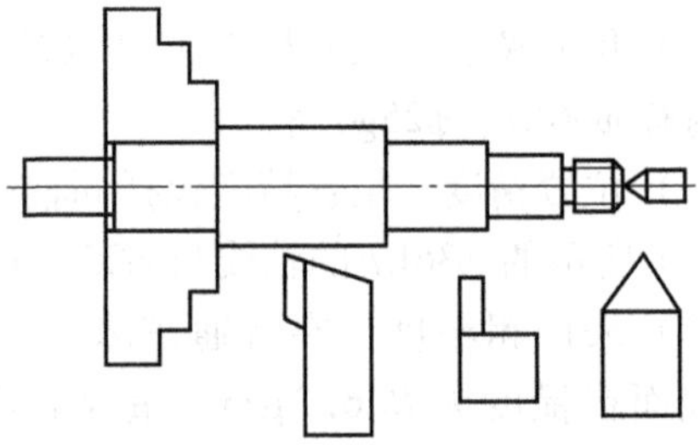
3	用顶尖双顶，磨削加工 1）磨 $\phi36$mm 外圆合格 2）磨 $\phi25_{-0.025}^{0}$mm 外圆合格	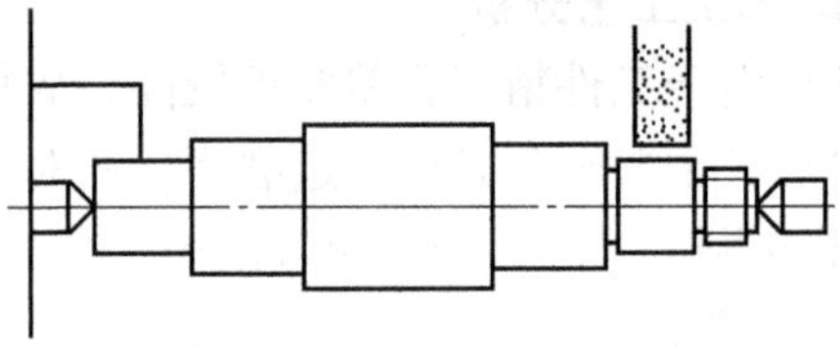

知识链接

6.1 金属切削加工基础及工艺装备知识

6.1.1 金属切削加工基础

1. 切削运动

切削运动是指在切削过程中刀具与工件之间的相对运动，它包括主运动和进给运动。

（1）主运动　主运动是指由机床或人力提供的主要运动，它促使刀具和工件之间产生相对运动，从而使刀具前面接近工件。所以，主运动是提供切削可能性的运动。它的速度最高，消耗的功率最大。

（2）进给运动　进给运动是指由机床或人力提供的运动，它使刀具与工件之间产生附加的相对运动，加上主运动，即可不断地或连续地切削，并得出具有所需几何特性的加工表面。

通常，切削加工中的主运动只有一个，而进给运动可能有一个或数个。主运动和进给运动可以由刀具和工件分别完成，也可以由刀具单独完成；这两种运动可以同时进行，也可以交替进行，如图6-2所示。

在整个切削过程中，工件上有三个不断变化着的表面：

1）待加工表面，工件上有待切除的表面。

2）已加工表面，工件上经刀具切削后产生的表面。

3）过渡表面，工件上由切削刃形成的那部分表面，它在下一切削行程，刀具或工件的下一转里被切除，或者由下一切削刃切除。

2. 切削要素

切削要素包括切削用量和切削层横截面要素。

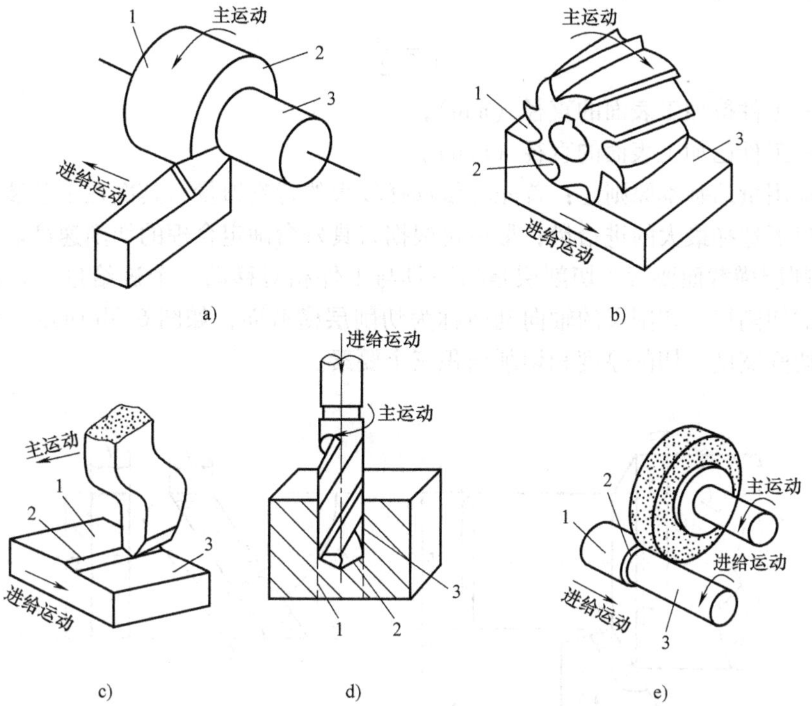

图6-2　切削运动和加工表面

a）车削加工　b）铣削加工　c）刨削加工　d）钻削加工　e）磨削加工

1—待加工表面　2—过渡表面　3—已加工表面

（1）切削用量　切削用量包括切削速度、进给量和背吃刀量三个要素，如图6-3a所示。切削用量选择得合理与否，对切削加工的生产率和加工质量有着显著的影响，应予以重视。

1）切削速度。切削速度（v_c）是指切削刃上选定点相对于工件的主运动的瞬时速度，单位为m/min。当主运动是旋转运动时，切削速度的计算公式是

$$v_c = \frac{\pi D n}{1000}$$

式中　v_c——切削速度（m/min）；

n——工件或刀具的转速（r/min）；

D——工件待加工表面的直径或刀具的最大直径（mm）。

2）进给量。进给量（f）是指在进给运动方向上刀具相对工件的位移量，可以用刀具或工件每转或每行程的位移量来表述和度量，单位是mm/r或mm/行程。切削刃上选定点相对工件的进给运动的瞬时速度，称为进给速度v_f，单位是mm/s。

3）背吃刀量。背吃刀量（a_p）是指在通过切削刃基点并垂直于工作平面的方向上测量的吃刀量，单位是mm，如车外圆、镗孔、扩孔、铰孔时，可按下式计算，即

$$a_p = \frac{d_w - d_m}{2}$$

对于钻削加工时

$$a_p = \frac{d_m}{2}$$

式中　d_w——工件待加工表面的直径（mm）；

d_m——工件已加工表面的直径（mm）。

选择切削用量的基本原则是：首先尽量选择较大的背吃刀量；其次在工艺装备和技术条件允许的情况下选择最大的进给量；最后再根据刀具寿命确定合理的切削速度。

（2）切削层横截面要素　切削层是指刀具与工件相对移动一个进给量时，相邻两个过渡表面之间的切削层。切削层的轴向剖面称为切削层横截面，如图 6-3b 所示。切削层横截面要素包括切削宽度、切削厚度和切削面积三个要素。

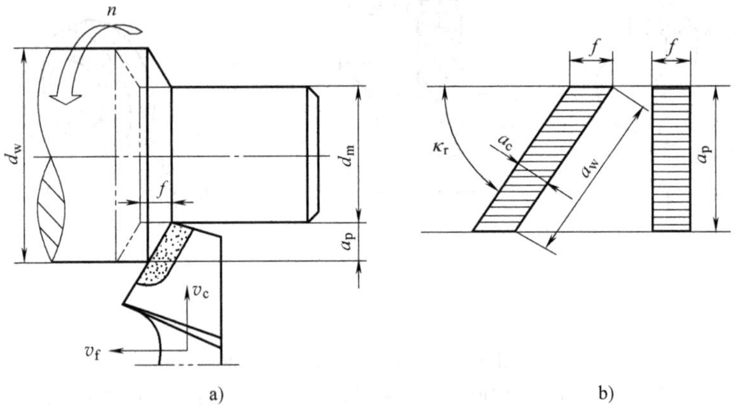

图 6-3　车削外圆时的切削层要素

a）切削用量　b）切削层要素

1）切削宽度。切削宽度（a_w）是指刀具切削刃与工件的接触长度，单位是 mm。若车刀主偏角为 κ_r，则

$$a_w = \frac{a_p}{\sin\kappa_r}$$

2）切削厚度。切削厚度（a_c）是指刀具或工件每移动一个进给量时，刀具切削刃相邻的两个位置之间的距离，单位是 mm。车外圆时

$$a_c = f\sin\kappa_r$$

3）切削面积。切削面积（A_c）是指切削层横截面的面积，单位是 mm^2，即

$$A_c = fa_p = a_c a_w$$

6.1.2　金属切削的工艺装备知识

1. 刀具

在金属切削过程中，刀具直接完成切削工作，它的完善程度，对切削效率、加工质量和生产成本有很大的影响。刀具能否胜任切削工作，取决于构成刀具的材料、刀具的几何形状和刀具的结构。在切削过程中，刀具切削部分由于受切削力、切削热和摩擦而磨损，所以，一把好的刀具不仅要锋利，而且还要经久耐用，不易磨损变钝。

（1）刀具材料

1）刀具材料应具备的性能。刀具材料的切削性能关系着刀具寿命和生产率；刀具材料的工艺性，影响着刀具本身的制造与刃磨质量。刀具材料应具备以下性能：

① 硬度：刀具材料的硬度必须高于工件材料的硬度，一般在60HRC以上。

② 强度（主要指抗弯强度）：刀具材料应能承受切削力和内应力，不致崩刃或断裂。

③ 韧性：刀具材料应能承受冲击和振动，不致因脆性而断裂或崩刃。

④ 耐磨性：它是指刀具材料抵抗磨损的能力。它是材料硬度、强度和金相组织等因素的综合反映。一般来说，硬度较好的材料，耐磨性也较好。

⑤ 耐热性：它是指刀具材料在高温下保持较高的硬度、强度、韧性和耐磨性的性能。它是衡量刀具材料切削性能的重要指标。

⑥ 工艺性：为了便于制造刀具，刀具材料应具备可加工性、可刃磨性、可焊接性及可热处理性等。

2）常用刀具材料的种类和用途。

① 碳素工具钢：它用于制造低速、尺寸小的手动刀具，如丝锥、板牙、锯条、锉刀等。

② 合金工具钢：它用于制造手动或刃形较复杂的低速刀具，如丝锥、板牙、拉刀等。

③ 高速钢：高速钢是含有钨、铬、钒、钼等合金元素较多的合金钢。高速钢车刀的特点是制造简单、刃磨方便、切削刃锋利、韧性好并能承受较大的冲击力，但高速钢车刀的耐热性较差，不宜高速车削。高速钢主要适合制造小型车刀、螺纹车刀及形状复杂的成形车刀。常用的钨系高速钢牌号是W18Cr4V，钼系高速钢牌号是W6Mo5Cr4V2。

④ 硬质合金：硬质合金是一种硬度高、耐磨性好、耐高温（在800～1000℃时仍有良好的切削性能），适合高速车削的粉末冶金制品，但它的韧性差，不能承受较大的冲击力。

硬质合金是由碳化钨、碳化钛粉末用钴作为黏合剂，经高压成形、高温锻烧而成的。含钨量多的硬度高，含钴多的强度较高、韧性较好。常用的硬质合金有三类：

a. 钨钴类（K类）：这类硬质合金是由碳化钨和钴组成的。它的牌号由汉语拼音字母YG和数字表示，字母表示钨钴类，数字表示含钴量的质量百分数，常用的牌号有YG3、YG5、YG8等多个牌号。钨钴类硬质合金适用于加工铸铁、有色金属等脆性材料。YG3含钨量多而含钴量少，硬度高而韧性差，所以适用于精加工。YG8含钨量少而含钴量多，其硬度低而韧性好，适用于粗加工。

b. 钨钛钴类（P类）：这类硬质合金是由碳化钨、碳化钛粉末，用钴作为黏合剂制成的。钨钛钴类硬质合金耐磨性好，能承受较高的切削温度，适合加工塑性金属及韧性较好的材料。因为它性脆、不耐冲击，因此不宜加工脆性材料（如铸铁等）。常见的牌号有YT5、YT15、YT30等，牌号中的字母YT表示钨钛钴类。数字表示含钛量的质量百分数。YT5含碳化钛少而含钴量多，其抗弯强度较好，能承受较大冲击力，适用于粗加工。YT30含碳化钛多而含钴量少，适用于精加工。

c. 钨钛钽（铌）钴类（M类）：这类硬质合金是在钨钛钴类基础上加入少量的碳化钽或碳化铌制成的，其抗弯强度和冲击韧度都比较好，所以应用广泛，不仅可加工脆性材料，还可加工弹塑性材料，常见的牌号有YW1、YW2等。它主要用以加工高温合金、高锰钢、不锈钢、铸铁及合金铸铁等。

⑤ 人造聚晶金刚石（PCD）：它用于精加工有色金属及非金属的刀具，如车刀、铣刀、

镗刀的刀片。

⑥ 立方氮化硼（CBN）：它用于淬硬钢、耐磨铸铁、高温合金等难加工材料的半精加工和精加工，可以做成整体刀片，也可以与硬质合金做成复合刀片。

（2）刀具的几何形状　刀具的种类很多，结构各异，但就切削部分而言，它们都可以看成是由外圆车刀演变而成的。现以外圆车刀为例，说明刀具切削部分的几何形状，如图 6-4 所示。

1）刀具切削部分的组成。

① 前面（A_γ）：它是刀具上切削滑过的表面。

② 主后面（A_α）：它是刀具上与切削表面（过渡表面）相对的表面。

③副后面（$A_{\alpha'}$）：它是刀具上与已加工表面相对的表面。

④ 主切削刃（S）：它是前面与主后面相交构成的切削刃，它担任主要的切削工作。

⑤ 副切削刃（S'）：它是前面与副后面相交构成的切削刃。它配合主切削刃完成少量的切削工作，即对已加工表面起修光作用。

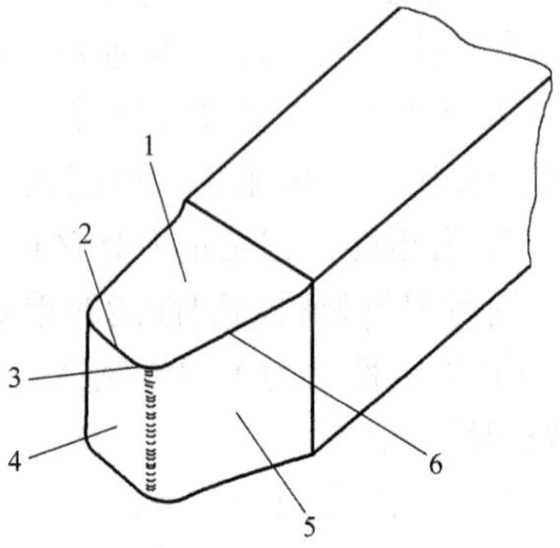

图 6-4　刀具切削部分的组成

1—前面　2—副切削刃　3—刀尖　4—副后面　5—主后面　6—主切削刃

⑥ 刀尖：指主切削刃与副切削刃的连接处相当少的一部分切削刃。它往往磨成一段很小的直线或圆弧，以提高刀尖的强度。

2）辅助平面。为了定义刀具角度，在切削状态下，选定切削刃上某一点而假定的几个平面称为辅助平面，如图 6-5 所示。

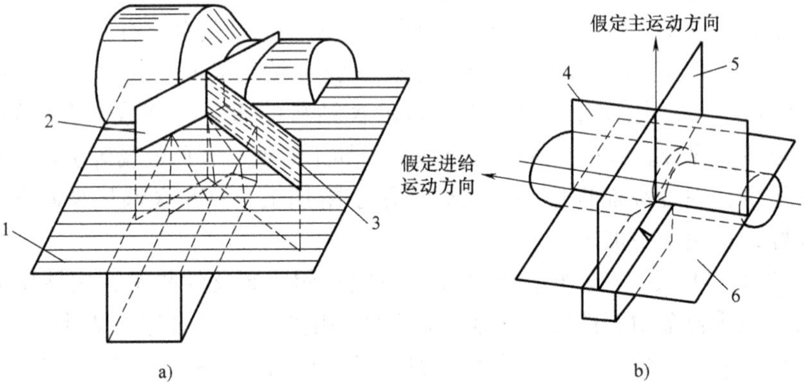

图 6-5　刀具的辅助平面

1、6—基面　2—主切削平面　3—正交平面　4—假定工作平面　5—背平面

① 基面（p_γ）：它是过切削刃选定点并垂直于假定主运动方向的平面。

② 主切削平面（p_s）：它是通过主切削刃选定点与主切削刃相切并垂直于基面的平面。

③ 正交平面（p_o）：它是通过主切削刃选定点并同时垂直于基面和主切削平面的平面。

以上三个平面相互垂直，构成空间直角坐标系。

④ 假定工作平面（p_f）：它是通过切削刃选定点与基面垂直，且与假定进给运动方向平

行的平面。

⑤ 背平面（p_n）：它是通过切削刃选定点并同时垂直于基面和假定工作平面的平面。以上两个平面加上基面也可组成空间直角坐标系。

⑥ 副切削平面（p_s'）：它是通过副切削刃选定点与副切削刃相切并垂直于基面的平面。

3）刀具的几何角度。刀具的切削性能、锋利程度及强度主要是由刀具的几何角度来决定的。其中，前角、后角、主偏角和刃倾角是主切削刃上四个最基本的角度，如图 6-6 所示。

① 在正交平面内测量的角度：

前角（γ_o）——它是前面与基面间的夹角。前角的大小决定切削刃的强度和锋利程度。前角大，刃口锋利，易切削；但前角过大，强度低，散热差，易崩刃。

后角（α_o）——它是主后面与主切削平面间的夹角。后角的大小决定刀具后面与工件之间的摩擦及散热程度。后角过大，散热差，刀具寿命短；后角过小，摩擦严重，刀口变钝，温度高，刀具寿命也短。一般取 $\alpha_o = 5° \sim 12°$。

楔角（β_o）——它是前面与主后面间的夹角，$\beta_o = 90° - (\gamma_o + \alpha_o)$。

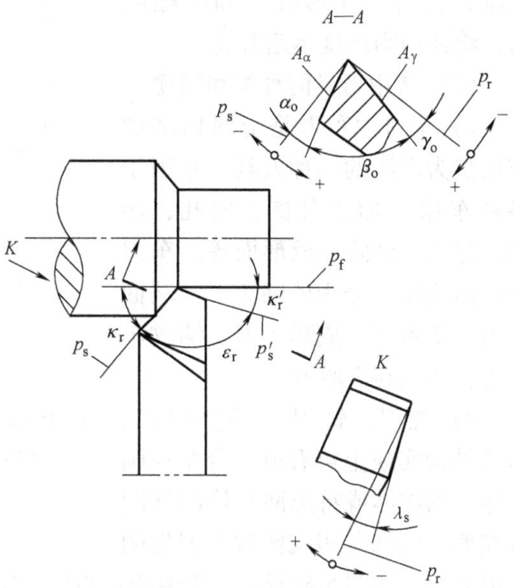

图 6-6　刀具的几何角度

② 在基面内测量的角度：

主偏角（κ_r）——它是主切削平面与假定工作平面间的夹角。主偏角的大小决定背向力与进给力的分配比例和散热程度。主偏角大，背向力小，散热差；主偏角小，进给力小，散热好。

副偏角（κ_r'）——它是副切削平面与假定工作平面间的夹角。副偏角的大小决定副切削刃与已加工表面之间的摩擦程度。较小的副偏角对已加工表面有修光作用。

刀尖角（ε_r）——它是主切削平面与副切削平面间的夹角。$\varepsilon_r = 180° - (\kappa_r + \kappa_r')$。

③ 在主切削平面内测量的角度：

刃倾角（λ_s）——它是主切削刃与基面间的夹角。刃倾角主要影响排屑方向和刀尖强度。

4）刀具角度对切削力及切削温度的影响。

① 对切削力的影响：刀具几何角度中对切削力影响最大的是前角、主偏角和刃倾角。

前角——前角增大则车刀锋利，切削变形小，切削力也小。

主偏角——主偏角主要改变轴向分力与径向分力之比，增大主偏角能使径向力减小，而使轴向力增大。

刃倾角——刃倾角对主切削力影响很小，对轴向力和径向力影响比较显著，其原因是当刃倾角变化时，改变切削力的方向。当刃倾角由正值向负值变化时，径向力增大，而轴向力小。

刀尖圆弧半径——刀尖圆弧半径增大时，使圆弧刃参加切削的长度增加，当工件的刚性不足时，就会引起振动。

② 对切削温度的影响：在刀具几何角度中，前角和主偏角对切削温度的影响较大。适当增大前角，切削层金属变形减小，可降低切削温度；减小主偏角，切削时主切削刃工作长度增加，改善散热条件，也可降低切削温度。此外，刀具磨钝后继续切削，会增大变形抗力和摩擦阻力，将使切削温度迅速升高。

(3) 常用刀具的种类和用途

1) 车刀。车刀是金属切削中应用最为广泛的一种刀具。它用于各种车床上加工外圆、内孔、端面、螺纹、台阶、成形面等。车刀按用途不同可分为外圆车刀、端面车刀、切断刀、成形车刀、螺纹车刀等，如图 6-7 所示。

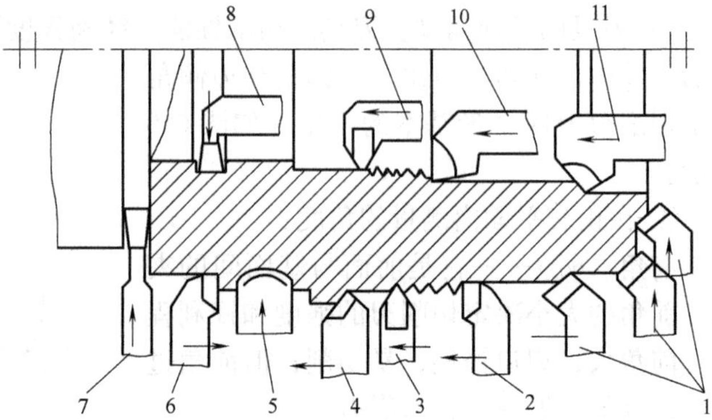

图 6-7 车刀的类型与用途

1—45°弯头车刀 2—90°外圆车刀 3—外螺纹车刀 4—75°外圆车刀 5—成形车刀 6—左偏外圆车刀 7—切断刀 8—内孔车槽刀 9—内螺纹车刀 10—不通孔镗刀 11—通孔镗刀

2) 铣刀。铣刀的种类很多，但从结构实质上可看成是分布在圆柱体、圆锥体或特形回转体的外圆或端面上的切削刃或镶嵌上刀齿的多刃刀具，如图 6-8 所示。常用的有圆柱形铣刀、面铣刀、三面刃圆盘铣刀、立铣刀、键槽铣刀、T 形槽铣刀、角度铣刀和成形铣刀等。

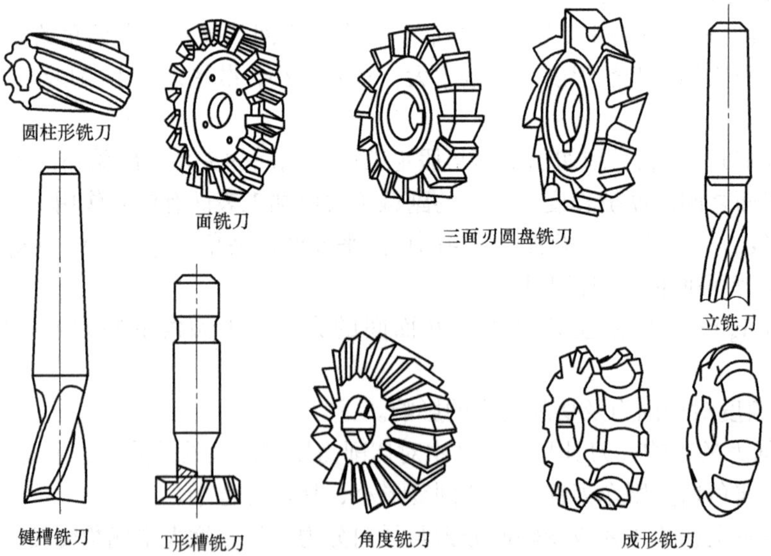

图 6-8 铣刀的种类

3) 孔加工刀具。在金属切削过程中，孔加工的比重是很大的，广泛需要使用各种孔加工刀具。孔加工刀具按其用途分为两大类：一类是从实心材料上加工出孔的刀具，如麻花钻、中心钻和深孔钻等；另一类是对已有孔进行扩大的刀具，如扩孔钻、锪钻、铰刀和镗刀等，如图6-9所示。

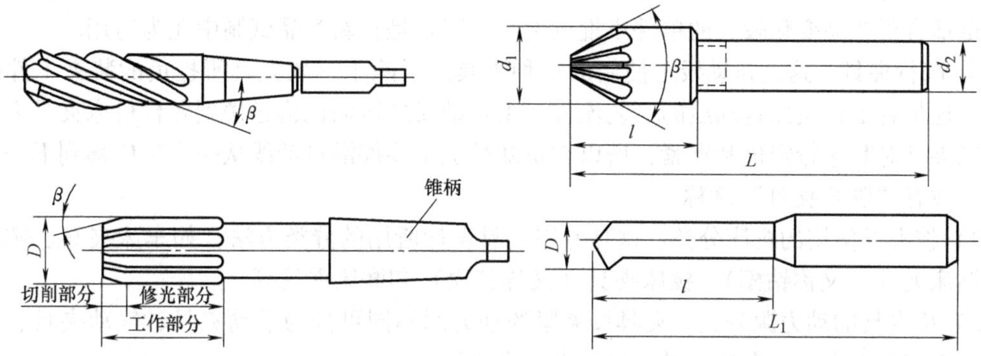

图6-9　扩孔钻、锪钻、铰刀、镗刀

2. 夹具

（1）机床夹具的概念　在机械加工过程中，依据工件的加工要求，使工件相对机床、刀具占有正确的位置，并能迅速、可靠地夹紧工件的机床附加装置称为机床夹具，简称夹具。

夹具在工艺装备中占有重要的地位，因为夹具的结构及使用性能的好坏，在很大程度上影响着加工质量、生产效率和加工成本。因此对夹具进行正确合理的设计、制造和使用是机械加工中的一项重要工作。

（2）夹具的分类

1）按夹具的使用特点分类。

① 通用夹具：这类夹具通用性较强，使用时无须调整或稍加调整，就可以在一定范围内用于工件的装夹。它们已经标准化，有些是作为机床附件由专门工厂生产的，如车床上使用的自定心卡盘、单动卡盘，铣床上使用的机用虎钳，平面磨床上使用的磁力工作台等。通用夹具主要适用于单件小批量生产。对于加工精度要求较高或形状较为复杂的工件，生产批量较大时，通用夹具将难以满足使用要求。

② 专用夹具：专用夹具是指为某一工件的某道工序专门设计制造的夹具。由于夹具的设计制造周期较长，成本往往较高，且产品变更后将无法使用，因此适合于批量较大的生产。

③ 可调夹具：可调夹具包括通用可调夹具和成组夹具。这两种夹具在结构上很相似，都具有可进行调整和更换的部分，都可做到多次使用，即对不同尺寸或种类的工件，只需调整或更换夹具结构中个别定位、夹紧或导向等元件，便可使用。通用可调夹具的调整范围较大，适用性广，如带钳口的台虎钳、滑柱式钻模等。而成组夹具则是专为成组加工工艺中某一组零件设计的，针对性强，可调整范围只限于本组内的零件。通用可调夹具和成组夹具在多品种、中小批量生产中得到了广泛使用。

④ 组合夹具：这类夹具由预先制造好的标准化元件及部件组装而成。这些标准元件具有各种形状、规格及功能，并具有高精度和高耐磨性。使用时，按照不同工件的加工要求进

行合理选择并组装成加工所需的夹具。夹具使用完毕后，可以进行拆卸，将元件清洗干净后存放入库，待需要时再次使用。

由于组合夹具是由各种标准元、部件组装而成的，生产准备时间短，元件能反复使用，因此更适合于产品变化较大的单件小批量生产，特别是在新产品试制中尤为适用。

⑤ 随行夹具：这是自动线上使用的一种夹具。它除了一般夹具所担负的装夹工件的任务外，还带着工件按照自动线的工艺流程，由自动线的运输机构运送到各台机床夹具上，并由机床夹具对其进行定位和夹紧，所以它是随被加工零件沿自动线从一个工位移到下一个工位的，故有“随行夹具”之称。

2）按夹具使用的机床分类。这是专用夹具设计所用的分类方法，如车床夹具、铣床夹具、钻床夹具（又称钻模）、镗床夹具（又称镗模）和磨床夹具等。

3）按夹具的动力源分类。夹具按夹紧的动力源不同可分为手动夹具、气动夹具、液动夹具、气液增力夹具、电磁夹具，以及真空夹具等。

（3）机床夹具的组成　虽然夹具有各种类型，但在结构上基本是由以下这些既相对独立又彼此联系的部件所组成的。

1）定位装置。定位装置是夹具上确保工件取得正确位置的元件或装置。

2）夹紧装置。这种装置包括夹紧元件或其组合和动力源。其作用是将工件压紧夹牢，保证工件在加工过程中不因受外力作用而改变其正确位置，同时防止或减少振动。

3）对刀或导向元件。该类元件用来确定夹具与刀具之间的相互位置并引导刀具进行加工，多用于铣床夹具、钻床夹具和镗床夹具中。

4）其他元件及装置。其他元件及装置包括确定夹具在机床工作台上方位的安装元件——定位键，为使工件在一次安装中多次转位而加工不同位置上的表面所设置的分度装置，为便于卸下工件而设置的顶出装置，以及送料装置和标准化了的连接元件等。

5）夹具体。夹具体是夹具的基础元件，夹具的其他元件及装置都将通过它装配在一起，最终成为一个有机的整体。

夹具的组成因设计给定条件不同而变化，一般说来，定位装置、夹紧装置及夹具体是夹具的基本组成部分，其他装置和元件则按需确定。

（4）机床夹具的作用

1）保证加工精度。保证工件的加工精度是对夹具最基本的要求。由于夹具在机床上的安装位置和工件在夹具中的装夹位置都是确定的，加工过程中受各种人为因素影响很小，因而容易保证工件获得较高的加工精度，并使加工质量基本趋于稳定。

2）提高生产率和降低生产成本。采用夹具装夹不仅省去了对工件逐个划线、找正或对刀等工作，而且工件装夹方便，因而在很大程度上缩短了辅助时间。另外，专用夹具还可以根据具体生产情况实现多件、多工位加工，及采用高效率的机械化传动装置等，从而提高了生产率。使用机床夹具，还降低对工人技术水平的要求，有利于降低生产成本。

3）减轻劳动强度。由于使用专用夹具后，工件装卸更方便、省力、安全，故减轻了工人的劳动强度，改善了劳动条件。

4）扩大机床的工艺范围。通过设计制造专用夹具可解决生产中设备品种不足的矛盾。例如，在车床溜板上或在摇臂钻床工作台上安装专用夹具后，就可以进行箱体上孔系的镗削加工，即以车床或钻床来代替镗床加工。

3. 机床

金属切削机床是机械制造业的主要加工设备。它用切削方法将金属毛坯加工成具有一定形状、尺寸和表面质量的机械零件。为了满足不同类型的工件和不同的加工需要，机床的品种和规格繁多，为了便于区别、使用和管理，需要对机床进行分类和编制型号。

（1）机床的类型

1）按照机床的加工方式、使用的刀具和用途，将机床共分为 12 大类：车床、钻床、镗床、磨床、齿轮加工机床、螺纹加工机床、铣床、刨插床、拉床、特种加工机床、切断机床和其他机床。

2）按加工精度的不同分为相对精度等级和绝对精度等级两类。大部分车床、磨床、齿轮加工机床有 3 个相对精度等级，在机床型号中用汉语拼音字母 P（普通精度，在型号中可省略）、M（精密级）、G（高精度级）表示。有些用于高精度精密加工的机床要求加工精度等级很高，这些机床通常称为高精度精密机床，如坐标镗床、坐标磨床、螺纹磨床等。

3）按照万能性程度，机床可分为通用机床、专门化机床和专用机床。

① 通用机床：这类机床的工艺范围很宽，可以加工一定尺寸范围内的多种类型零件，完成多种多样的工序，如卧式车床、万能升降台铣床、万能外圆磨床等。

② 专门化机床：这类机床的工艺范围较窄，只能用于加工不同尺寸的一类或几类零件的一种（或几种）特定工序，如丝杠车床、凸轮轴车床等。

③ 专用机床：这类机床的工艺范围最窄，通常只能完成某一特定零件的特定工序，如加工机床主轴箱体孔的专用镗床及加工机床导轨的专用导轨磨床等。它是根据特定的工艺要求专门设计、制造的，生产率和自动化程度较高，适用于大批量生产。组合机床也属于专用机床。

4）按自动化程度分为手动机床、机动机床、半自动机床和自动机床。

5）按机床质量分为仪表机床、中小型机床（一般机床）、大型机床（10t）、重型机床（大于 30t）和超重型机床（大于 100t）。

6）自动控制类机床按其控制方式不同分为仿形机床、数控机床和加工中心等，在机床型号中分别用汉语拼音字母 F、K、H 表示。

7）按机床的结构布局形式不同可分为立式、卧式和龙门式等。

（2）机床型号的编制方法　按国家标准（GB/T 15375—2008）中规定普通机床型号用下列方式表示：

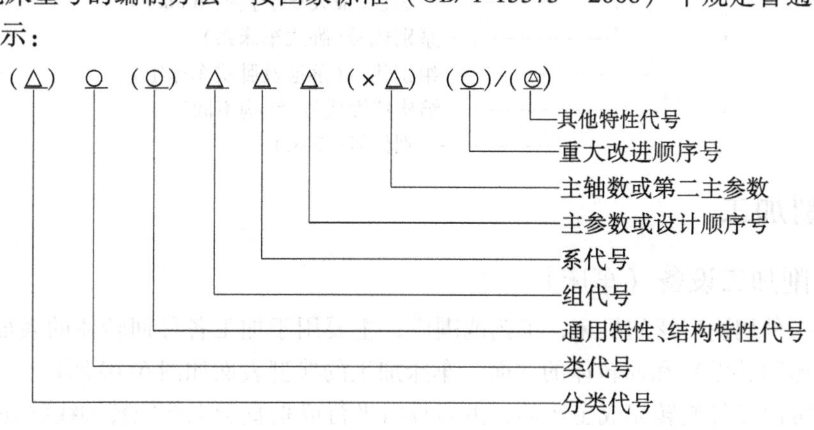

其中，有“(　　)”的代号或数字，当无内容时，则不表示，若有内容则不带括号；有“○”符号的，为大写的汉语拼音字母；有“△”符号的，为阿拉伯数字；有“◎”符号的，为大写的汉语拼音字母，或阿拉伯数字，或两者兼有之。

1）机床的类别代号。机床的类别代号用汉语拼音字首（大写）表示。

2）机床的组、系代号。每类机床可划分为10个组，每个组又可划分为10个系。在同一类机床中，主要布局或使用范围基本相同的机床为同一组。在同一组机床中，其主参数相同、主要结构及布局形式相同的机床，即为同一系。机床型号中，在类别代号和特性代号之后，第一位阿拉伯数字表示组别，第二位阿拉伯数字表示系别。

3）机床的特性代号。

① 通用特性代号：机床通用特性代号用汉语拼音字首（大写）表示，列在类别代号之后。如CK6140中，“K”表示该车床具有程序控制特性。

② 结构特性代号：对主参数相同，但结构、性能不同的机床，在型号中加结构特性代号予以区分。结构特性代号用汉语拼音字母表示，如A、D、E等。结构特性代号应排在通用特性代号之后。如CA6140中，“A”是结构特性代号，表示CA6140与C6140车床主参数相同，但结构不同。

4）机床主参数、第二主参数的表示方法。机床主参数代表机床的规格，主参数代号代表主参数的折算值，排在组、系代号之后。

第二主参数（多轴机床的主轴数除外）一般不予表示，它是指最大模数、最大跨区、最大工件长度等。在型号中表示的第二主参数一般折算成两位数为宜。

5）机床重大改进顺序号。当机床的性能及结构有重大改进时，按其设计改进的次序，用字母A、B、C等表示在机床型号的末尾，以区别于原机床。

6）同一型号机床的变型代号。某些机床类型根据不同的加工需要，在基本型号机床的基础上，仅改变机床的部分性能机构时，则在原机床型号之后加变型代号，以便区别。变型代号以阿拉伯数字1、2、3表示，用“/”分开，读作“之”。

通用机床的型号编制举例如下：

（CA6140A 型卧式车床）

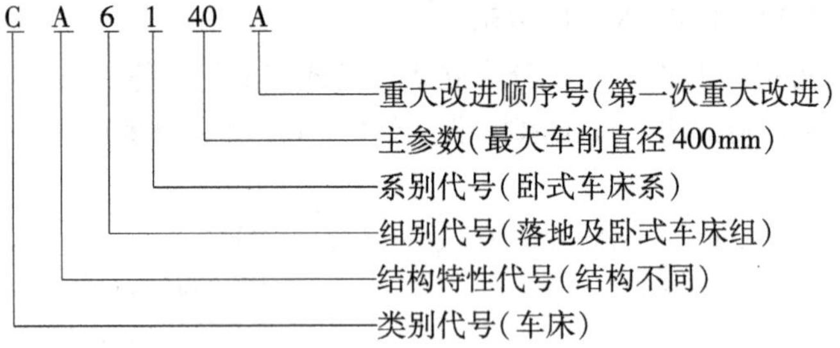

6.2 车削加工

6.2.1 车削加工设备（车床）

车床是一种用途广泛的机床，工艺范围广，主要用于加工各种回转体的表面（圆柱面、圆锥面、成形回转面）和回转体的端面。车床加工的典型表面如图6-10所示。

车床通常由工件旋转完成主运动，由刀具沿平行或垂直于工件旋转轴线移动完成进给运

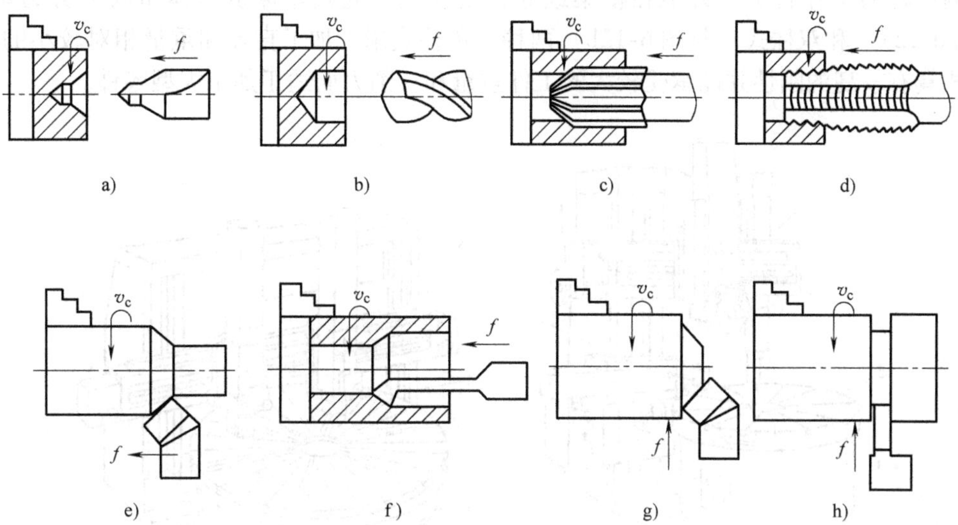

图6-10　车床加工的典型表面

a）钻中心孔　b）钻孔　c）铰孔　d）攻螺纹　e）车外圆　f）镗孔　g）车端面　h）切断

动。与工件旋转轴线平行的进给运动称为纵向进给运动；垂直的进给运动称为横向进给运动。

车床的种类很多，常用的有以下几种。

1. 卧式车床

各种卧式车床的外形基本相似，图6-11所示为CA6140A型卧式车床。

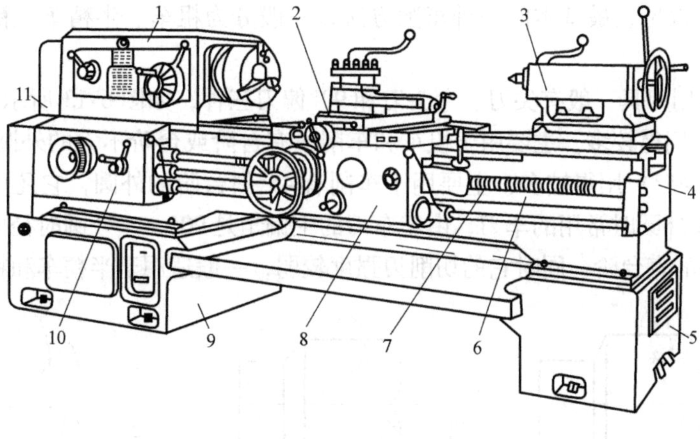

图6-11　CA6140A型卧式车床

1—主轴变速箱　2—刀架部分　3—尾座　4—床身　5、9—床腿　6—光杠　7—丝杠　8—溜板箱　10—进给变速箱　11—交换齿轮箱

2. 立式车床

立式车床因主轴中心线垂直而得名，主要加工径向尺寸大而轴向尺寸相对较小，且形状比较复杂的大型或重型零件，如图6-12所示是一种常见的立式车床外观图。工件装夹在水

平面内旋转的工作台上，刀架在横梁或立柱上移动。立式车床从总体布局上分为单柱式（见图6-12a）和双柱式（见图6-12b）两种。单柱式用于加工直径和重量相对较小的零件；双柱式具有较高的刚性并能承受较大的工件重量和切削力而适于加工大型零件。

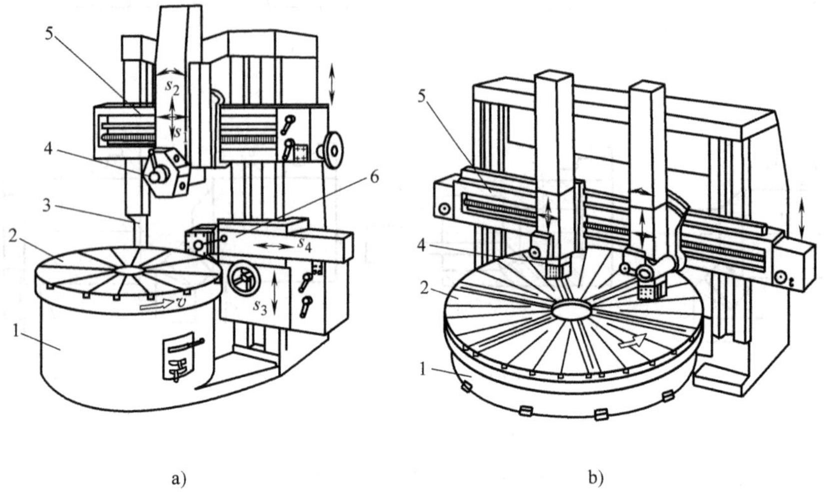

图6-12 立式车床

a）单柱式 b）双柱式

1—底座 2—工作台 3—五角形刀架 4—立刀架 5—横梁 6—立柱

6.2.2 车削加工的加工范围

1. 车外圆

车外圆是最常见、最基本的一种车削方法，一般分为粗车、半精车、精车，以达到不同的公差等级。

车外圆的常用刀具一般有尖刀、弯头刀和90°偏刀三种，如图6-13所示。尖刀中75°偏刀（主偏角为75°）用得较多，主要用于粗车和车削没有台阶或台阶不大的外圆。弯头刀中，45°偏刀（主偏角为45°）用得较多，主要用于车削有45°斜台阶的外圆，它还可用来车端面和倒角。90°偏刀是车外圆时常用的车刀，由于车刀的主偏角是90°，车外圆时径向力很小，可用来车细长轴和工件的直台阶，同时它的切削刃强度较弱，一般适用于半精车和精车。

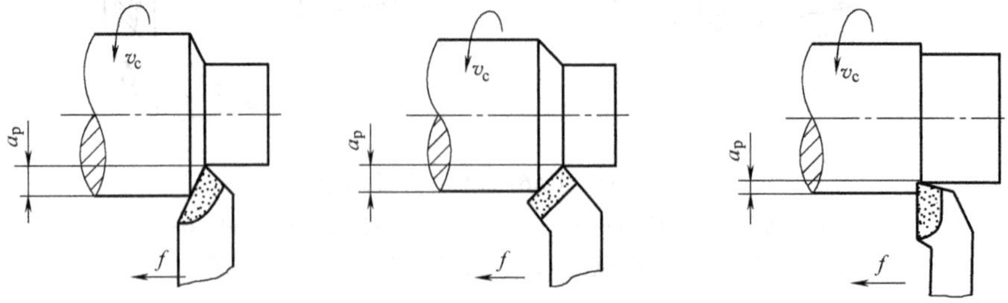

图6-13 外圆刀具

2. 车床上的孔加工

（1）钻孔 在车床上进行孔加工时，若毛坯上无孔，需要先用钻头钻出孔来。在车床上钻孔时，主运动是工件的旋转运动，进给运动是钻头的轴向移动。

（2）车孔　用车刀车内孔的方法称为车孔，所用的内孔车刀也称为镗刀。车出的孔表面粗糙度值较低，尺寸精度较高，并且能纠正原有孔的轴线的偏斜，应用较广。

车通孔与不通孔操作方法相似，车通孔时，不用对孔底进行加工，比不通孔方便。选择通孔车刀，刀尖高度可稍高于工件轴线，操作方法与车不通孔相似。

车孔时，由于车刀刚性较差，排屑困难，因而比外圆难加工。为了增加刚度，可尽量增大刀杆横截面积，根据孔深采用尽量短的刀杆。为了排屑，主要采用控制切屑流向的方法，控制切屑流向主要是精车时要求切屑流向待加工表面。

3. 车端面

车端面常用弯头刀和90°偏刀两种车刀。车端面时，刀尖安装高度要求特别严格，以免在端面留下凸台或造成车刀的崩刃。

（1）用弯头车刀车端面　用45°弯头车刀车端面，如图6-14所示，车削时，进给方向是由外向工件中心车削。当背吃刀量较大或因毛坯端面较斜使加工余量较不均匀时，一般用手动进给；当背吃刀量较小且较均匀时，可用自动进给。用自动进给时，当车到离工件中心较近时，应改用手动慢慢进给，以防车刀崩刃。

（2）用90°偏刀车端面　用90°偏刀车端面的方法如图6-15所示，常用的进给方向是从中心向外车削，通常用于端面的精加工，或有孔端面的车削，车削出的端面表面粗糙度的值较低。进给方向也可从外向中心车削，但用这种方法时，车削到靠近中心时，车刀容易崩刃。

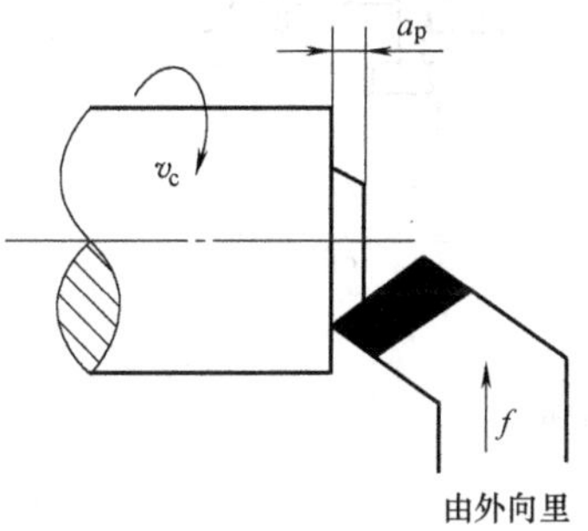

图6-14　弯头车刀车端面

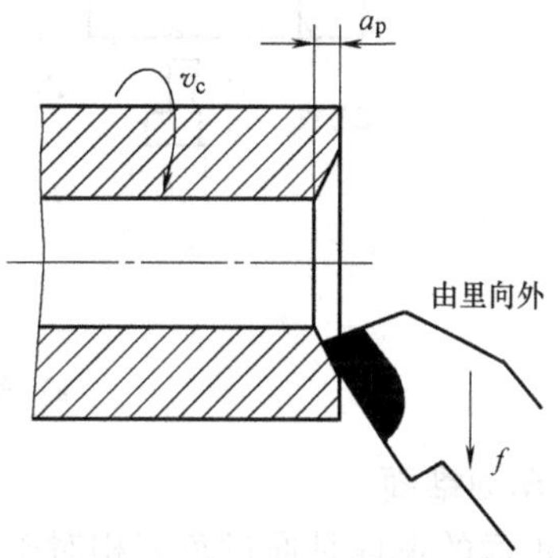

图6-15　偏刀车端面

（3）倒角与锐边倒钝　工件加工后，在端面与回转面相交处，会有锋利的尖角和残余的小毛刺。为了去除尖角等，方便零件的使用与安装，常采用倒角和锐边倒钝的加工工艺。

4. 车台阶

直台阶一般紧接着外圆车出。为了方便直台阶的车削，外圆刀一般选择90°偏刀，并在安装车刀时，把主偏角装成95°左右。当外圆车到尺寸后，由里往外车出直台阶，如图6-16所示。

车台阶时，还要控制轴向尺寸，一般先用钢直尺确定台阶的位置，再开机使工件旋转，用刀尖在工件表面划一线痕，作为车削时的粗界线，如图6-17所示。由于这种方法所定位置有一定误差，线痕所确定的长度应比所需长度略短，最终的轴向尺寸可通过小滑板刻度盘手柄的微量进给来控制。

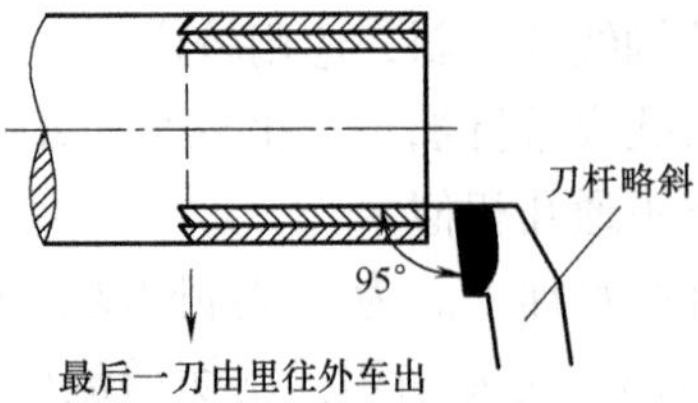

图 6-16 直台阶车法

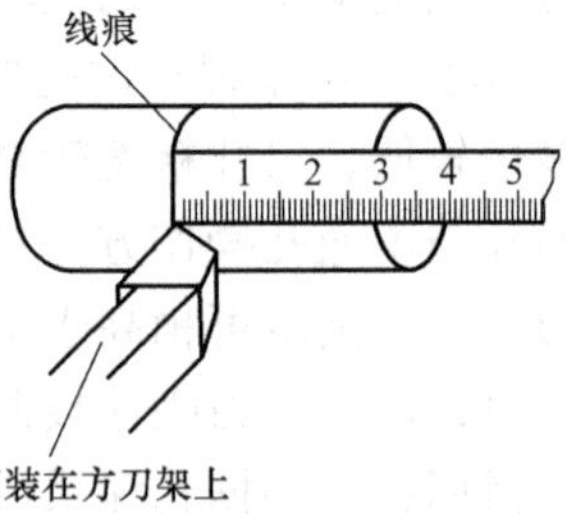

图 6-17 用钢直尺粗定台阶位置

5. 车槽与切断

（1）切断 在车削时，ϕ50mm 以下的棒料常在车床上进行切断，如图 6-18 所示。由于切断刀刀头窄而长，强度较弱，加上工作时刀头伸进工件的内部，散热条件较差，排屑困难，所以切削时要注意切断刀容易折断的问题。

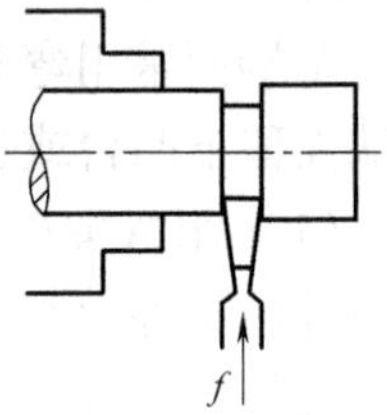

图 6-18 切断

（2）车槽 切削 5mm 以下的窄槽时，可使主切削刃与槽等宽，通过横向手动进刀一次车出。切削宽槽时，可按图 6-19 所示的方法切削。切削前，按尺寸在相应的位置上用车刀划出线痕，然后用窄刀分次车去槽的大部分加工余量，再根据尺寸对槽的两侧和槽底进行精车。

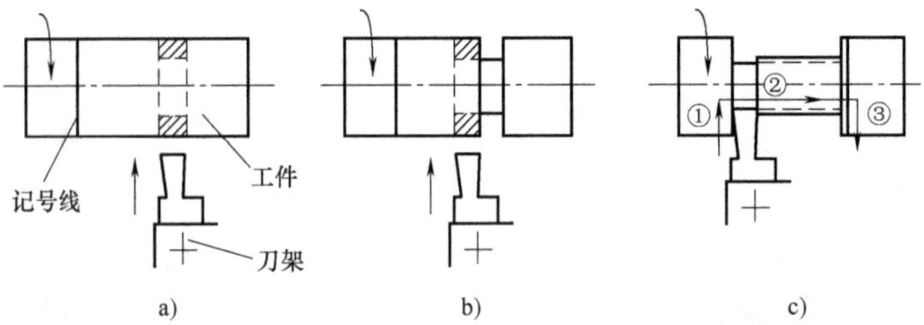

图 6-19 切宽槽

a）车槽 b）加宽 c）精车槽底

6. 车圆锥面

圆锥面的形成是通过车刀相对于工件轴线斜向进给实现的。车锥度的方法较多，有尾座偏置法、小刀架转位法（见图 6-20）和宽刀车削法（见图 6-21）等。

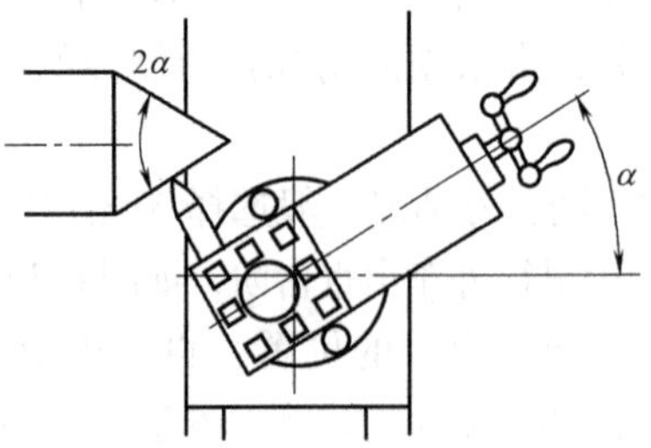

图 6-20 小刀架转位法

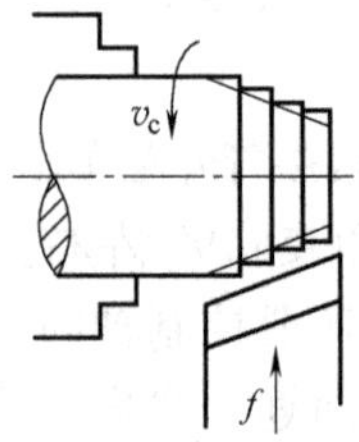

图 6-21 宽刀车削法车锥面

车削锥度时，车刀刀尖的高度必须严格对准工件轴线，无论车刀过高还是过低，均会引起圆锥表面的双曲线误差。

7. 车螺纹

车削螺纹的方法如图6-22所示。图6-22a所示为开始车削，用车刀刀尖径向对刀并记下刻度盘读数，向右退出刀具。图6-22b所示为合上开合螺母，在工件表面车出一条螺旋线后，横向退刀并停车。图6-22c所示为反转使车刀退到工件右端停车，用钢直尺检查螺距是否正确。图6-22d所示为利用刻度盘调整背吃刀量，继续车削。图6-22e所示为车刀行程终了时，做好退刀停车的准备，先快速退出车刀，然后停车，开反车使车刀退回。图6-22f所示为再次横向切入，继续车削，按图6-22所示切削路线，直至合格为止。

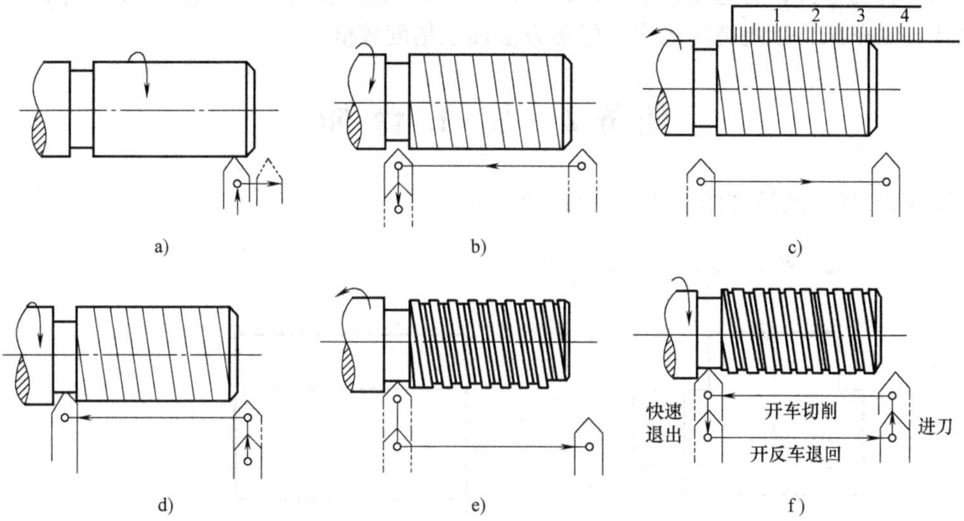

图6-22　车削螺纹的方法

如果螺纹公称直径较小，可以在车床上用丝锥攻螺纹。

6.2.3　车削加工工艺的特点及应用

1. 易于保证被加工零件各表面的位置精度

回转工件各加工表面具有同一回转轴线，因此在一次装夹后可加工外圆、内孔及端面，依靠机床的精度保证回转面间的同轴度及轴线与端面间的垂直度。另外，对于以中心孔定位的轴类零件，虽经多次装夹与掉头，但所加工表面的回转轴线始终是以孔连线，因而能保证相应表面间的位置精度。

2. 切削过程平稳

除车削不连续表面外，一般情况下车削过程是连续进行的，并且切削层面积不变（不考虑毛坯余量不均），所以切削力变化小，切削过程平稳。又因为车削运动为回转运动，避免了惯性力与冲击力的影响，所以车削允许采用大的切削用量，进行高速切削或强力切削，有利于生产率的提高。

3. 刀具简单，使用灵活

车刀是各类刀具中最简单的一种，制造、刃磨和装夹均较方便，便于根据加工要求，选用合理角度，有利于提高加工质量和生产率。

4. 应用范围广

车削适用于加工各种回转表面，如轴类、盘类、套类零件等，它对工件的材料、结构、精度及表面粗糙度等都有较强的适应性。除了可以车削各种钢材、铸铁、有色金属外，还可车削玻璃钢、尼龙、夹布胶木等非金属。

此外，车床上还可安装一些附件来支承和装夹工件，扩大车削工艺范围，如车削细长轴时，为减少工件受径向切削力的作用而产生变形，可采用跟刀架或中心架作为辅助支承。

对于单件、小批量生产的各种轴类、盘类、套类零件，常选用卧式车床或数控车床；对于直径大而长度短及重型的零件，多选用立式车床。成批生产外形复杂，且有内孔及螺纹的中小型轴、套类零件，可选用转塔车床进行加工。大批量生产简单形状的小型零件，可选用半自动或自动车床，以提高生产率，但该方法加工精度较低。

任务2　加 工 台 阶

在图6-23 所示的长方体上加工出两侧台阶。

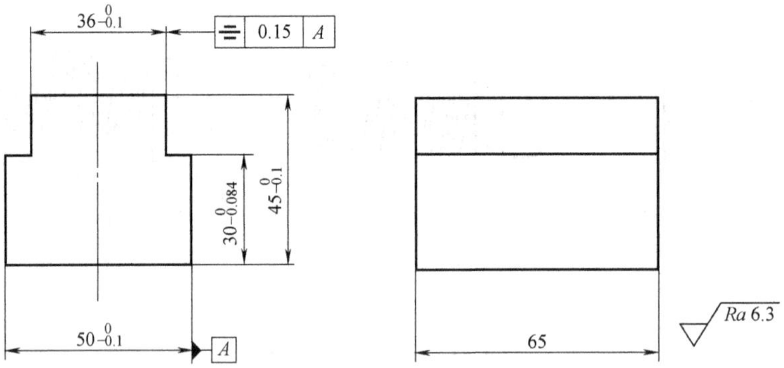

图6-23　带台阶的长方体

实施任务

1. 图样识读

图6-23 所示工件为在长方体上铣出30mm×36mm 的台阶，台阶与外形尺寸50 $_{-0.1}^{\ 0}$ mm中心线的对称度误差为0.15mm。

2. 加工工艺分析

长方体已经加工完毕，根据台阶的宽度和深度尺寸，加工过程划分为粗铣-精铣等阶段。

3. 工艺准备（表6-3）

表6-3　工艺准备

序号	名称	准 备 事 项
1	材料	45 钢,65mm×50mm×45mm 长方体
2	设备	X6132 型卧式铣床

（续）

序号	名称		准备事项
3	工艺装备	刀具	外径 $D=80$mm、内径 $d=27$mm、厚度为8mm、齿数为16的直齿三面刃铣刀
4		量具	游标卡尺0.02mm/(0～150mm)或千分尺0.01mm/(0～25mm、25～50mm)，百分表0.01mm
5		工、附具	采用平口钳装夹工件

4. 操作步骤及加工简图（表6-4）

表6-4 操作步骤及加工简图

序号	操作步骤	加工简图
1	安装铣刀 将三面刃铣刀安装在 ϕ27mm的长刀杆中间位置后并紧固螺母	
2	工件的装夹和校正 采用平口钳装夹工件，校正固定钳口，使之与铣床主轴轴线垂直。将工件的基准侧面靠向固定钳口，工件的底面靠向钳体导轨面，铣削的台阶底面应高出钳口的上平面	
3	对刀 1）工件装夹找正后，手摇各进给手柄，使工件处于铣刀下方。开动机床，使铣刀的圆柱面切削刃擦着工件上表面的贴纸，如右图a所示，在垂向刻度盘上做记号。停车后下降工作台，纵向退出工件，然后上升垂向工作台，较垂向刻度盘上的记号升高14.5mm，留0.5mm精铣余量 2）开动机床，移动横向工作台，使旋转的铣刀侧面刃刚擦着台阶侧面的贴纸，如右图b所示，在横向刻度盘上做记号。然后纵向退出工件，使工件按切削余量横向移动6mm，并紧固横向工作台，留1mm精铣余量	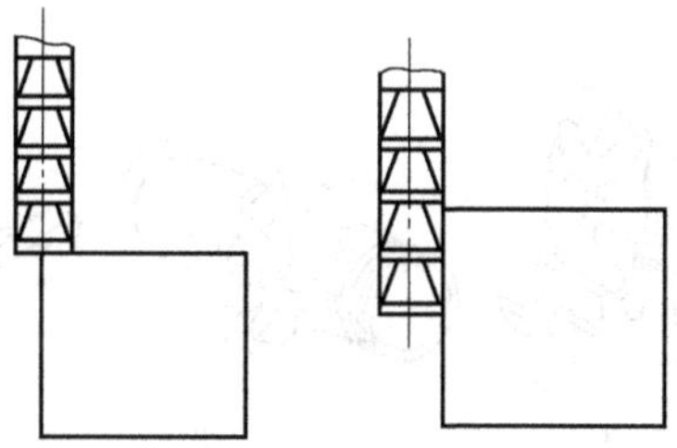 a)　　b)
4	铣削一面台阶 1）粗铣台阶 a 面。开动机床，纵向机动进给，粗铣台阶面。用千分尺测量工件的一侧面至铣出台阶的实际尺寸为44mm，用深度游标卡尺测量深度为14.5mm，如右图所示 2）精铣台阶 a 面。根据实测尺寸与对称度要求，横向移动工作台约1mm后紧固，垂向工作台升高约0.5mm精铣 a 面。铣完后，实测工件尺寸要符合 $30_{-0.084}^{\ 0}$ mm的要求	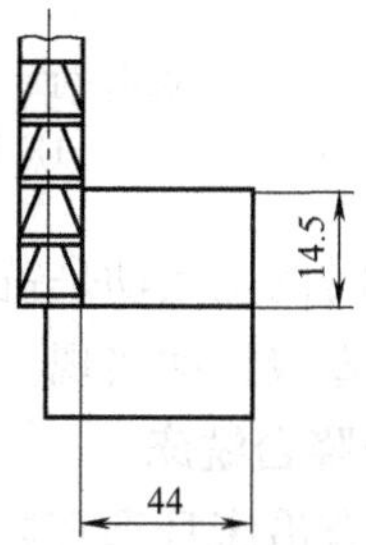
5	粗、精铣另一台阶面 粗、精铣另一台阶面，使其达到 $b=36_{-0.1}^{\ 0}$ mm的图样要求，如右图所示	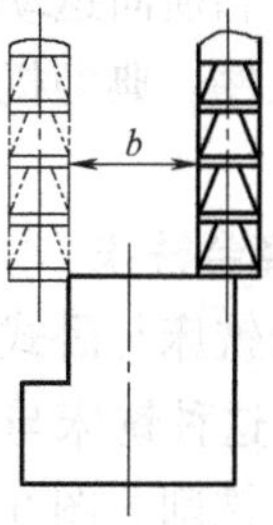
6	测量 台阶的宽度和深度一般可用游标卡尺或千分尺直接测量。台阶的对称度，可用百分表在平板上测量	

知识链接

6.3 铣削加工

6.3.1 铣削加工设备（铣床）

铣床是一种用途广泛的机床。在铣床上可以加工平面（水平面、垂直面等）、沟槽（键槽、T形槽、燕尾槽等）、分齿零件（齿轮、链轮、棘轮、花键轴等）、螺旋形表面（螺纹、螺旋槽）及各种曲面。此外，还可用于对回转体表面及内孔进行加工，以及进行切断工作等。铣床加工的典型表面如图6-24所示。

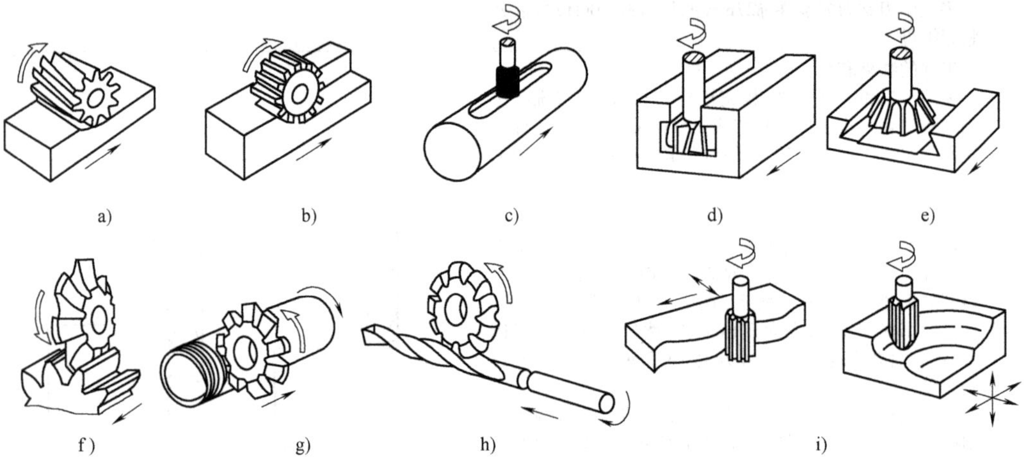

图6-24 铣床加工的典型表面
a）铣水平面 b）铣垂直面 c）铣键槽 d）铣T形槽 e）铣燕尾槽
f）铣齿轮 g）铣螺纹 h）铣螺旋槽 i）铣曲面

铣床工作时的主运动是铣刀的旋转运动。在大多数铣床上，进给运动由工件在垂直于铣刀轴线方向的直线运动实现。在少数铣床上，进给运动是工件的回转运动或曲线运动。

1. 卧式升降台铣床

这类铣床有沿床身垂直导轨运动的升降台，工作台可随升降台做上下垂直运动，并可在升降台上做纵向和横向运动；铣床主轴与工作台台面平行。这种铣床使用灵活、方便，适合于加工中小型工件。典型机床型号为X6132，图6-25所示为X6132型卧式万能升降台铣床的外形结构。

2. 立式升降台铣床

立式升降台铣床与卧式升降台铣床主要的差异是铣床主轴与工作台台面垂直，典型机床型号为X5032。这种铣床与卧式铣床的区别是安装铣刀的主轴垂直于工作台面，主要用面铣刀或立铣刀进行铣削。图6-26所示为X5032型立式升降台铣床，其中万能回转头铣床轴可做任意方向的偏转，当工件不同角度位置均需加工时，可在一次安装中只改变铣刀轴线的方向就能完成加工。

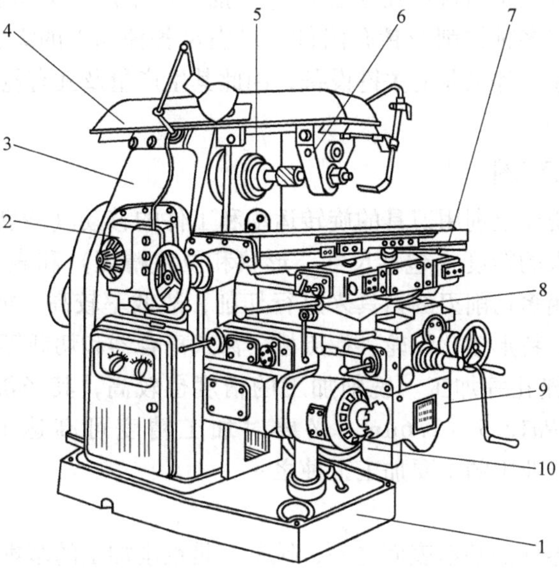

图 6-25　X6132 型卧式万能升降台铣床的外形结构

1—底座　2—主轴变速机构　3—床身　4—横梁　5—主轴　6—挂架

7—工作台　8—横向溜板　9—升降台　10—进给变速机构

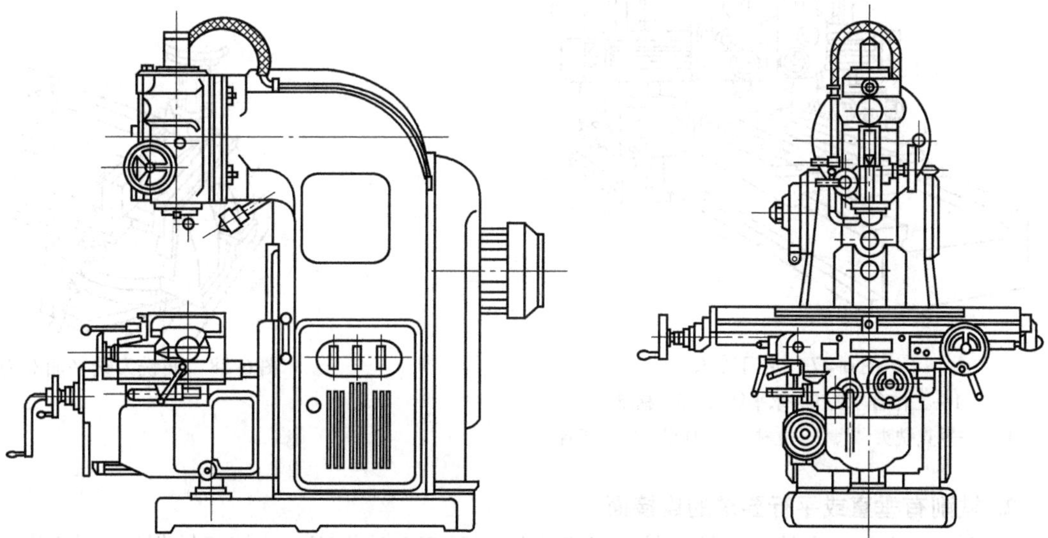

图 6-26　X5032 型立式升降台铣床

3. 龙门铣床

龙门铣床是一种大型高效能通用机床，主要用于加工各类大型工件上的平面、沟槽，借助于附件可完成斜面、孔等加工。龙门铣床不仅可以进行粗加工及半精加工，也可进行精加工。如图 6-27 所示为具有 4 个铣头的中型龙门铣床。龙门铣床可以用几个铣头同时加工工件的几个平面，从而提高机床的生产率。

大型、重型及超重型龙门铣床用于在单件小批生产中加工大型及重型零件，机床仅有1～2个铣头，但配备有多种铣削及镗孔附件，以满足各种加工的需要。这种机床是发展轧钢、造船、发电站及航空等工业的关键设备，因此其生产量及拥有量是衡量一个国家工业发展水平的重要标志之一。

6.3.2 铣削的加工范围

铣削加工就是在铣床上利用刀具的旋转运动和工件的移动（或转动），通过对工件的切削得到符合图样所要求的精度（包括尺寸、形状和位置精度）和表面质量的加工方法。铣削加工的主要特点是用多切削刃的刀具来进行切削，故效率较高，加工范围广，如铣平面、台阶、沟槽、特形面、特形槽、齿轮、螺旋槽、齿式离合器和切断等，在铣床上还可以进行钻孔、铰孔、铣孔和锪孔等加工。铣削加工的精度也较高，其经济加工精度一般为IT9、IT8，表面粗糙度为 $Ra12.5 \sim 1.6\mu m$。必要时加工精度可高达IT5，表面粗糙度可达 $Ra0.2\mu m$，是机械制造业中的主要加工工种之一。

1. 铣削平面

平面是构成机械零件的基本表面之一，铣平面是铣削加工的基本工作内容，铣削方法如图6-28所示。

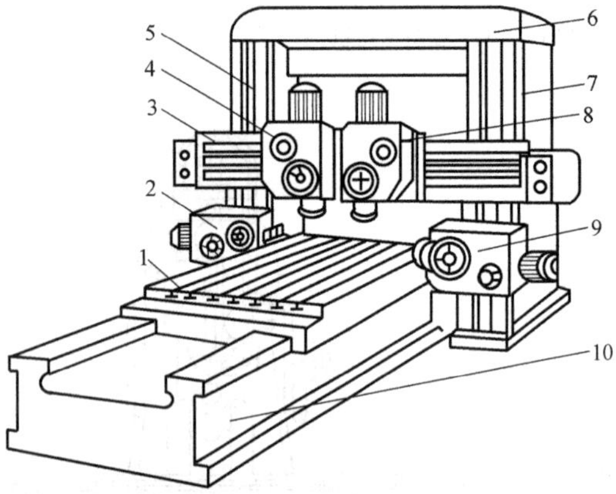

图6-27 龙门铣床

1—工作台 2、9—水平铣头 3—横梁
4、8—垂直铣头 5、7—立柱 6—顶梁 10—床身

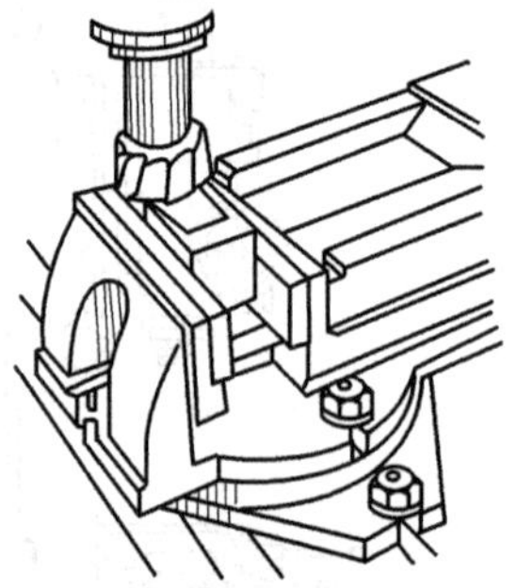

图6-28 面铣刀铣平面对刀

2. 铣削有垂直或平行要求的连接面

连接面是指相互交接或间接交接，且不在同一平面上的表面。连接面铣削加工多用圆柱形铣刀加工，除了要保证平面度和表面粗糙度外，还需要保证相对于基准面的位置精度，以及与基准面间的尺寸精度。工件装夹方式一般采用平口钳装夹、压板装夹（见图6-29）或角铁装夹（见图6-30）。

3. 铣削斜面

斜面是指零件上与基准面成任意一个倾斜角度的平面。在铣床上铣斜面的方法一般有三种：工件倾斜铣斜面（见图6-31）、铣刀倾斜铣斜面（见图6-32和图6-33）和用角度铣刀铣斜面（见图6-34）等。

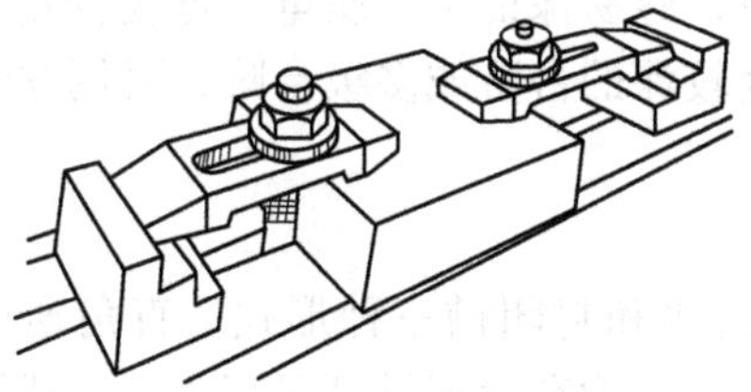

图6-29　用压板装夹

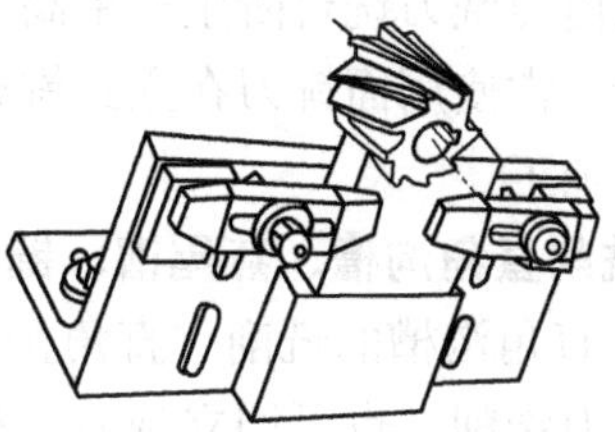

图6-30　用角铁装夹

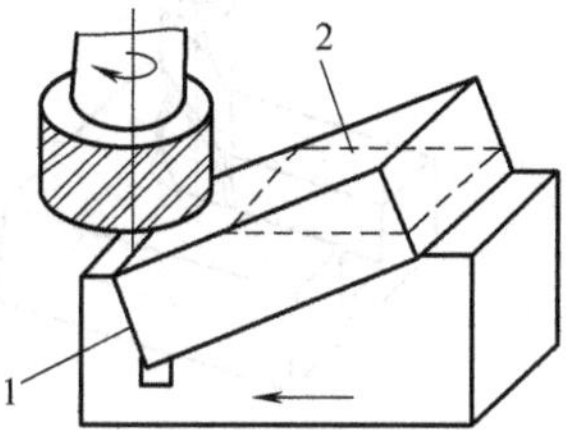

图6-31　工件倾斜铣斜面（用斜垫铁装夹）
1—垫铁　2—工件

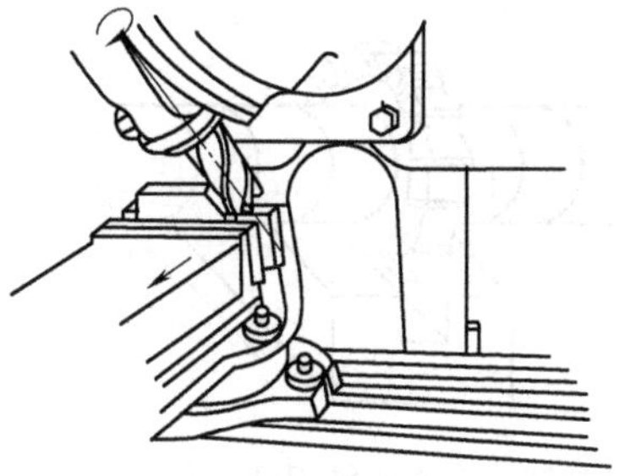

图6-32　铣刀倾斜铣斜面（用立铣刀铣斜面）

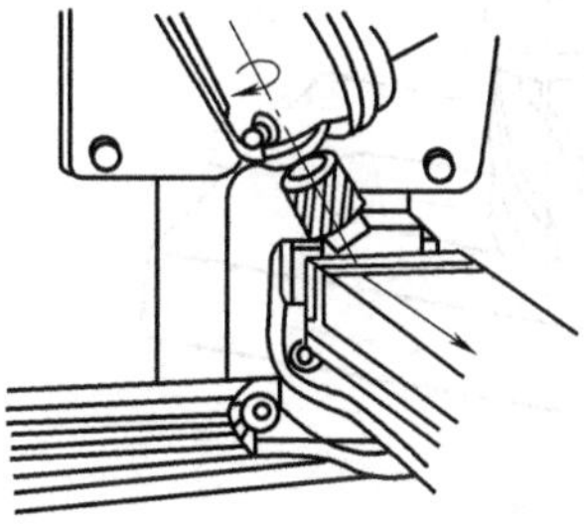

图6-33　铣刀倾斜铣斜面（用面铣刀铣斜面）

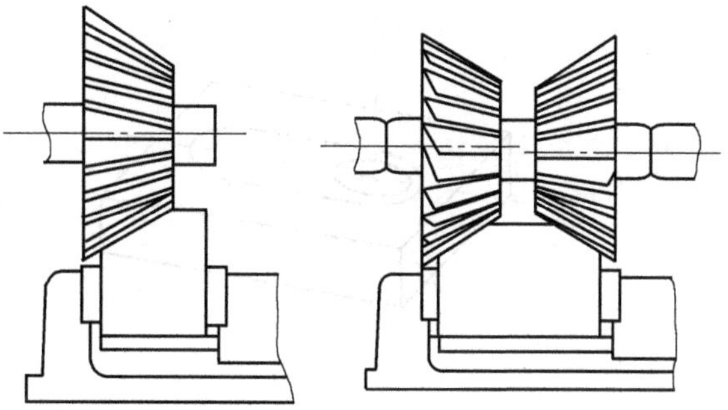

图6-34　用角度铣刀铣斜面

4. 铣削台阶面

铣削台阶是铣削加工的主要内容之一。根据零件上台阶的结构与尺寸大小不同，通常可在卧式铣床上用三面刃铣刀（见图6-35）和在立式铣床上用面铣刀（见图6-36）或立铣刀（见图6-37）进行加工。

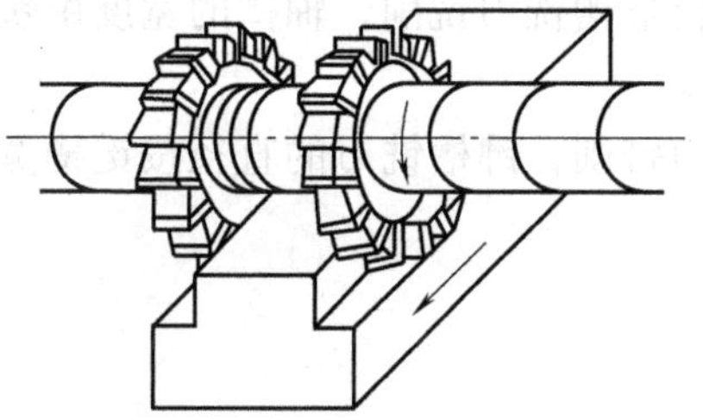

图6-35　三面刃铣刀铣台阶

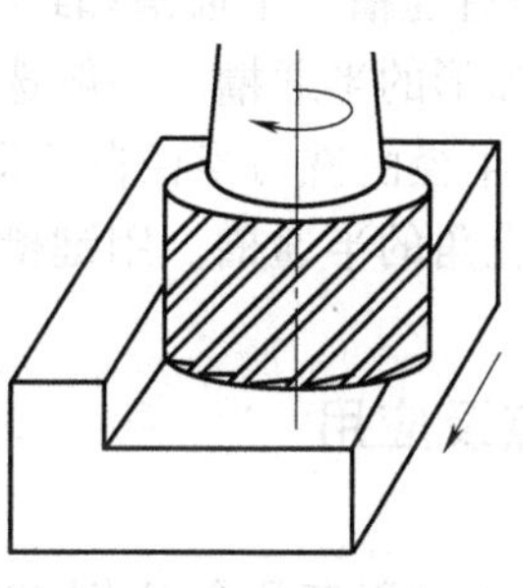

图6-36　用面铣刀铣台阶

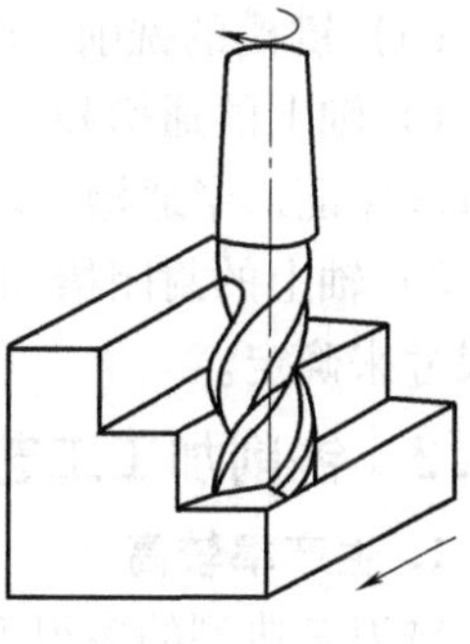

图6-37　用立铣刀铣台阶

用三面刃铣刀铣台阶生产率高，而且操作简单，容易保证工件质量。宽度较宽且深度较浅的台阶，常使用面铣刀在立式铣床上加工。深度较深的台阶或多级台阶，可用立铣刀在立式铣床上加工。

5. 铣削直角沟槽、燕尾槽、键槽

（1）直角沟槽的铣削　直角沟槽有通槽、半通槽和封闭槽三种形式。直角通槽主要用三面刃铣刀铣削，也可用立铣刀、槽铣刀来铣削；半通槽和封闭槽则采用立铣刀或键槽铣刀铣削，如图 6-38 ~ 图 6-40 所示。

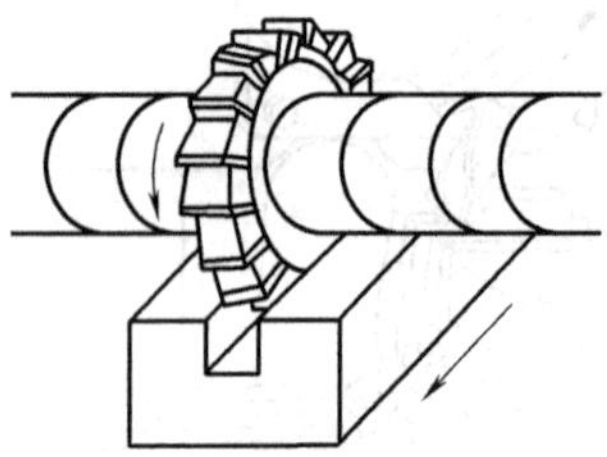

图 6-38　三面刃铣刀铣直角通槽

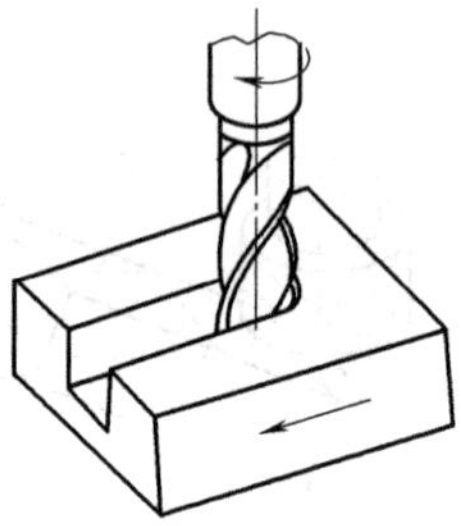

图 6-39　立铣刀铣半通槽

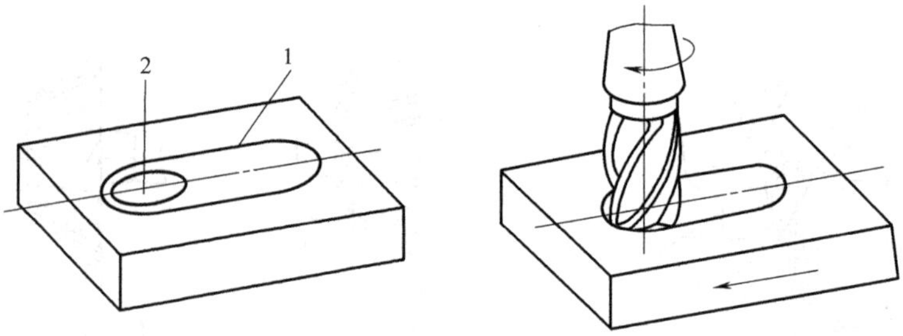

图 6-40　立铣刀铣封闭槽

1—封闭槽加工线　2—预钻落刀孔

（2）燕尾槽的铣削　燕尾槽和燕尾是配合使用的，如做直线运动的导轨面等。燕尾槽和燕尾的铣削方法分两步进行：先在立式铣床上铣出直槽或台阶，再用燕尾槽铣刀铣出燕尾槽和燕尾，如图 6-41 所示。单件生产时，可用与燕尾角度相等的单角铣刀来铣削燕尾槽和燕尾，如图 6-42 所示。

（3）键槽的铣削　轴上键槽有通槽、半通槽和封闭槽三种，如图 6-43 所示。

1）轴上的通槽和一端是圆弧形的半通槽。一般选用盘形槽铣刀铣削，轴槽的宽度由铣刀宽度保证，半通槽一端的圆弧半径由铣刀半径自然得到。

2）轴上的封闭槽和一端是直角的半通槽。用键槽铣刀铣削，键槽铣刀的直径按键槽宽度尺寸来确定。

6.3.3　铣削加工工艺的特点及应用

1. 生产率较高

铣刀是典型的多刃刀具，加工过程有几个刀齿同时参加切削，总的切削宽度较大。铣削

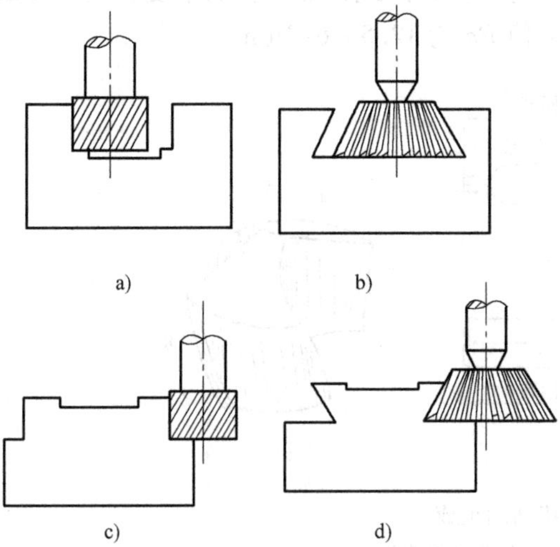

图6-41　燕尾槽铣刀铣燕尾槽和燕尾

a）铣直槽　b）铣燕尾槽　c）铣台阶　d）铣燕尾

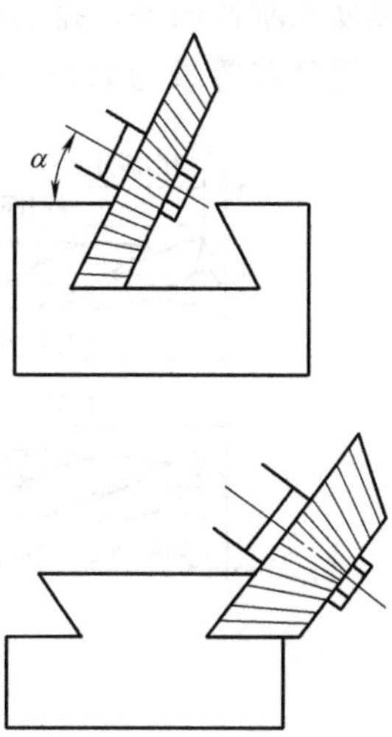

图6-42　单角铣刀铣削燕尾槽和燕尾

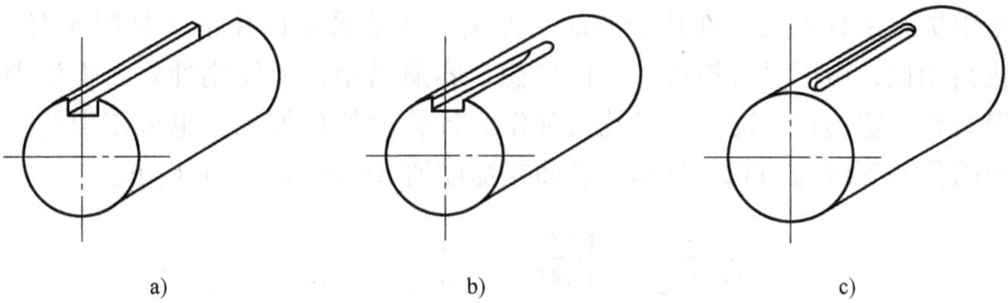

图6-43　轴上键槽的种类

a）通槽　b）半通槽　c）封闭槽

时的主运动是铣刀的旋转，有利于进行高速切削。

2. 加工范围广

可以加工刨削无法加工或难以加工的表面。例如，可铣削四周封闭的凹平面、圆弧形沟槽、具有分度要求的小平面和沟槽等。

3. 成本较高

铣床、铣刀结构复杂，铣刀的制造与刃磨困难，所以铣削成本比较高。

4. 加工质量中等

铣削经粗、精加工后都可达到中等精度。但在加工大平面时，用直径小于工件宽度的面铣刀铣削时，各次走刀间有明显的接刀痕，影响表面质量。

6.4　其他切削加工

6.4.1　钻削

1. 钻孔

钻孔是用钻头在实体材料上加工孔的方法。通常采用麻花钻（见图6-44）钻孔。由于钻头的强度和刚性较差，排屑较困难，切削液不易进入，因此，加工孔的精度和表面质量比较低，一般公差等级为 IT13 ~ IT11，表面粗糙度值 Ra 为 12.5 ~ 6.3μm。

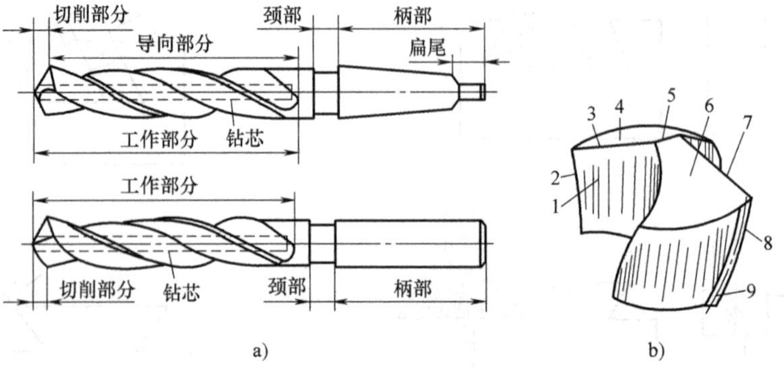

图 6-44　麻花钻的组成

a）钻头整体结构　b）钻头切削部分

1—前面　2、8—副切削刃（棱边）　3、7—主切削刃　4、6—后面　5—横刃　9—副后面

2. 扩孔

扩孔是用扩孔工具扩大工件孔径的加工方法。通常采用扩孔钻（见图 6-45）扩孔，扩孔钻与麻花钻相比，由于没有横刃，工作平稳，容屑槽小，刀体刚性好，工作中导向性好，故对孔的误差有一定的校正能力。扩孔通常作为铰孔前的预加工，也可作为孔的最终加工，一般能达到的公差等级为 IT12 ~ IT10，表面粗糙度值 Ra 为 12.5 ~ 1.6μm。

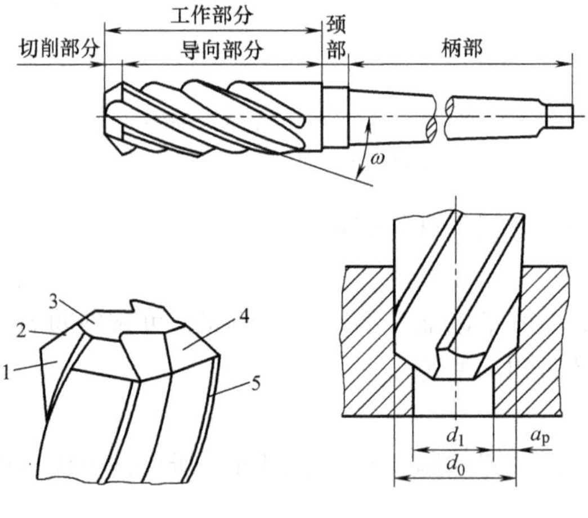

图 6-45　扩孔钻

1—前面　2—主切削刃　3—钻芯　4—后面　5—刃带

3. 铰孔

铰孔是对未淬火孔进行精加工的一种方法。铰孔时，因切削速度低，加工余量小，使用的铰刀（见图 6-46）刀齿多、结构特殊（有切削和校正部分）、刚性好、精度高等因素，故铰孔后的质量比较高。铰孔能达到孔径尺寸公差等级一般为 IT11 ~ IT7，手铰可达 IT6，表面粗糙度值 Ra 为 6.3 ~ 0.1μm。

铰孔主要用于加工中小尺寸的孔，孔径一般在 3～150mm 范围内。铰孔时，以本身孔作为导向，故不能纠正位置误差，因此，孔的有关位置精度应由铰孔前的预加工工序保证。

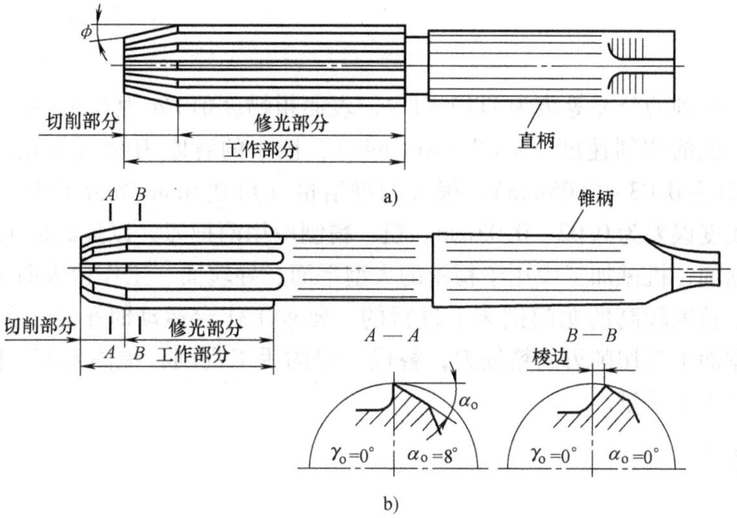

图 6-46　铰刀

a）手用铰刀　b）机用铰刀

6.4.2　磨削

磨削通常用来精加工车削、铣削或刨削后的表面，以及淬硬零件的表面。磨削的基本方式有：

1. 周边磨削

如图 6-47a 所示，周边磨削时砂轮与工件接触面积较小，切削过程中发热量小、散热快、排屑和冷却情况良好，加工时工件不易产生热变形，因而能获得较高的精度和较小的表面粗糙度值。但由于砂轮与工件的接触面积小，生产率较低，所以，只用于成批生产中被加工平面精度要求较高的工件。

2. 端面磨削

如图 6-47b 所示，端面磨削时，砂轮轴伸出较短，刚性好，机床功率大；砂轮主轴主要受轴向力，弯曲变形较小，因此可以采用较大的磨削用量。磨削时，砂轮与工件接触面积

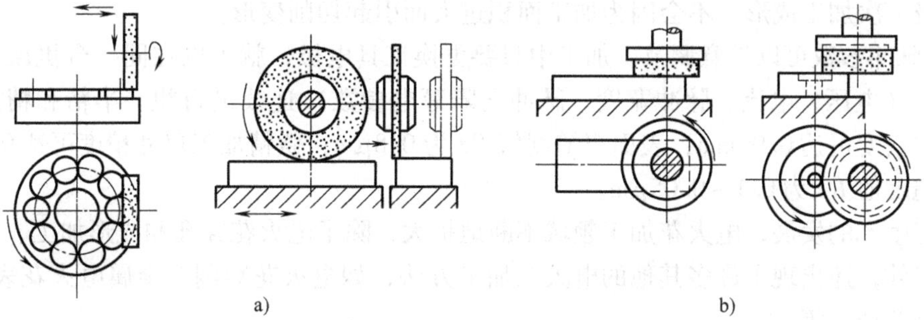

图 6-47　磨削平面方式

a）周边磨削　b）端面磨削

大，所以生产率高。另外，由于砂轮与工件接触面积大，易发热，散热及冷却条件比较差，工件热变形较大，使加工精度较低。此法常用于加工大平面或大批量生产的精度要求不高的工件。

6.4.3 刨削

刨削加工可达到的公差等级为 IT10 ~ IT7，表面粗糙度值 Ra 为 6.3 ~ 1.6μm。在加工铸件时，应选用较低的切削速度（v = 2 ~ 8m/min），极小的背吃刀量（半精刨时为 0.005 ~ 0.10mm，精刨时为 0.03 ~ 0.05mm），很大的进给量（可达 6mm/每次往复），在 100mm 长度范围内的直线度误差为 0.02 ~ 0.03mm。粗、精刨应用两把刀，以提高加工质量。

宽刃刀精刨削在机械加工中用于精密的大型平面、导轨面、工作台表面等的加工，通常是在刚性好的、精度较高的龙门刨床上进行的，要求工作台运动时平稳、无冲击和爬行现象，使用具有宽而平直切削刃的精刨刀，替代一般的手工刮削，提高效率，降低劳动强度，并能获得较好的加工质量。

知识拓展

特种加工简介

特种加工是指直接利用电能、热能、光能、声能、化学能及电化学能等进行加工的总称。特种加工与传统切削加工的区别在于：不是主要依靠机械能，而是主要用其他能量去除工件上的多余材料；工具硬度可以低于被加工材料的硬度；加工过程中，工具与工件之间一般不存在明显的切削力。

1. 电火花加工

（1）电火花加工的基本原理　电火花加工是一种利用电、热能量对金属进行加工的方法。在加工过程中工具和工件之间不断产生脉冲性的火花放电，靠放电时局部产生的高温把金属熔化甚至气化而蚀除。利用这种电烧蚀现象作为一种加工方法，即为电火花加工。

（2）电火花加工的特点及应用

1）“以柔克刚”，即用软工具电极来加工任何硬度的导电性材料，如淬火钢、不锈钢、耐热合金和硬质合金等。

2）加工过程中无显著的切削力，因而加工小孔、深孔、弯孔、窄缝和薄壁弹性件，可以不致因工具或工件刚度太低而无法加工。各种复杂的型孔、型腔和立体曲面，都可以采用成形电极一次加工成形，不会因为加工面积过大而引起切削变形。

3）脉冲参数可以任意调节。加工中只要更换工具电极，就可以在同一台机床上通过改变电规准（电压、电流、脉冲宽度、脉冲间隔等电参数）连续进行粗、半精和精加工。精加工尺寸精度可达 0.01mm，表面粗糙度值 Ra 为 0.8μm；微精加工尺寸精度可达 0.002mm，表面粗糙度值 Ra 为 0.1 ~ 0.05μm。

随着生产的发展，电火花加工领域不断地扩大，除了电火花穿孔和成形加工、电火花线切割加工外，还出现了许多其他的电火花加工方法，如电火花磨削、金属电火花表面强化、电解电火花加工等。

2. 电解加工

电解加工属于电化学加工，是继电火花加工之后于 20 世纪 90 年代发展起来的一种加工方法，目前已广泛用于枪炮、飞机、汽车、拖拉机等制造行业和模具制造行业。

（1）电解加工的原理　电解加工是利用金属在电解液中可以产生阳极溶解的电化学原理来进行去除加工的。这种电化学现象在机械工业中早已被用来实现电抛光和电镀，其加工原理如图6-48所示。

（2）电解加工的特点及应用

1）加工范围广，能加工任何高强度、高硬度、高韧性的导电材料，如硬质合金、淬火钢、不锈钢、耐热合金等难加工材料。

2）生产率高，电解加工是特种加工中材料去除速度最快的方法之一，约为电火花加工的5~10倍。

3）加工过程中无切削力和切削热，也没有因此给工件带来的变形，因而可以加工刚性差的薄壁零件。加工表面残留应力和飞边小，能获得较光洁的表面和一定的加工精度。表面粗糙度值 Ra 一般为0.8~0.2μm，平均尺寸精度为±0.1mm。

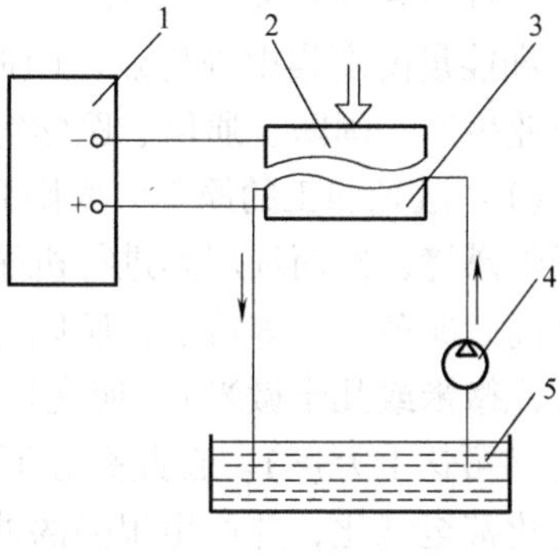

图6-48　电解加工原理示意图
1—电源　2—工具　3—工件
4—泵　5—电解液

4）加工过程中工具阴极基本无损耗，可长期保持工具的精度。

5）电解加工不需要复杂的成形运动，即可加工复杂的空间曲面。

6）只能加工导电的金属材料，对加工窄缝、小孔及棱角很尖的表面则比较困难，加工精度受到限制。

7）复杂加工表面的工具电极的设计和制造比较费时，因而在单件、小批量生产中的应用受到限制。

8）附属设备较多，占地面积大，投资大，电解液腐蚀机床，容易污染环境，需采取一定的防护措施。

电解加工主要用于切削加工困难的领域，如难加工的材料、形状复杂的表面和刚性较差的薄板的加工等。常用的工艺有：电解穿孔、电解成形、电解去飞边、电解切割、电解抛光、电解刻蚀等。

3. 超声加工

（1）超声加工的原理　超声加工也叫作超声波加工，是利用产生超声振动的设备，带动工件和工具间的磨料悬浮液，冲击和抛磨工件的被加工部位，使材料局部破坏而形成粉末，以进行穿孔、切割和研磨等。

（2）超声加工的特点和应用　由于超声波加工基于高速撞击原理，因此越是硬脆材料，越易受冲击作用的破坏，而韧性材料则由于它的缓冲作用而难以加工。

1）适于加工硬脆材料（特别是不导电的硬脆材料），如玻璃、石英、陶瓷、宝石、金刚石、各种半导体材料、淬火钢、硬质合金等。

2）超声加工机床的结构比较简单，操作维修也比较方便。

3）由于去除加工余量是靠磨料的瞬时撞击，工具对工件表面的宏观作用力小，热影响小，不会引起工件的变形和烧伤，因此适合于加工薄壁零件及工件上的窄槽、小孔等。

超声加工的精度，一般可达0.01～0.02mm，表面粗糙度值 Ra 可达0.63μm左右，在模具加工中用于加工某些冲模、拉丝模，以及抛光模具工作零件的成形表面。

4. 激光加工

激光是20世纪90年代出现的一种新光源。与普通光源相比，它具有方向性强（几乎是一束平行准直的光束）、亮度高（比太阳表面的亮度还高1010倍）、单色性好（光的频率单一）和能量高度集中等特点，因此它从被人们发现以来就获得了重视，发展十分迅速，在工农业生产、国防、通信、医学等各个领域得到了广泛的应用。

（1）激光加工的原理　太阳光经凸透镜聚焦后，焦点处温度可达300℃以上，能使易燃物冒烟燃烧，然而利用其进行机械加工是十分困难的。激光则不同，由于它具有方向性强、亮度高、颜色单一等特点，所以可以通过光学系统把激光束聚焦成一个极小的光斑（直径仅有几微米或几十微米），使光斑处获得极高的能量密度（107～1011W/cm），产生很高的温度（可达上万度）。在此高温下，任何坚硬的材料都将瞬时（千分之几秒或更短的时间）被熔化甚至气化，并产生很强的冲击波，使熔化物质爆炸式地喷射去除。因此，激光的聚焦点可以作为一种有效的工具用来对任何材料进行去除加工。

目前已发现几百种能用来产生激光的材料，如红宝石、钕玻璃等，并制成了各种各样的激光器。激光器按其产生激光的工作物质类型不同可分为固体激光器、气体激光器、液体激光器和半导体激光器四大类。由于固体激光器体积小，调整方便，在机械加工中应用较广。

（2）激光加工的特点与应用

1）加工范围广。由于激光加工的功率密度是各种加工方法中最高的一种，几乎能加工任何金属和非金属材料，如高熔点材料、耐热合金、硬质合金、有机玻璃及陶瓷、宝石、金刚石等硬脆材料。

2）操作简便。激光加工不需要真空条件，可在各种环境中进行。

3）适合于精密加工。激光聚焦后的焦点直径小至几微米，形成极细的光束，可以加工深而小的微孔和窄缝。

4）无工具损耗。激光加工不需要加工工具，是非接触加工，工件不承受明显的切削力，可对刚性差的薄壁零件进行加工。

5）加工速度快、效率高，可减少热扩散带来的热变形。

6）可控性好，易于实现加工自动化。

7）激光加工装置小巧简单，维修方便。

在机械加工中利用激光能量高度集中的特点，可进行打孔、切割、焊接、雕刻、表面处理，利用激光的单色性还可以进行精密测量。

知识巩固

加工传动轴实践报告

实践名称	
实践目的	
实践用设备（或器材）	

（续）

实践步骤	
实践结果	
知识点巩固练习	1. 什么是金属切削加工？ 2. 什么是主运动？什么是进给运动？ 3. 切削用量要素有哪几个？它的定义、单位及计算公式是什么？ 4. 切削层横截面要素有哪些？它们是如何定义的？ 5. 选择切削用量的基本原则是什么？ 6. 简述切屑的类型。 7. 什么是积屑瘤？ 8. 何谓加工硬化？其主要影响因素有哪些？ 9. 影响切削力的因素有哪些？ 10. 降低切削温度的措施有哪些？ 11. 刀具材料应具备哪些性能？ 12. 试述常用刀具材料的种类和用途。 13. 试述刀具切削部分的组成。 14. 刀具的辅助平面有哪些？它们是如何定义的？ 15. 刀具的主要角度有哪些？它们对切削加工有何影响？ 16. 试述常用刀具的种类和用途。 17. 什么叫机床夹具？其由哪几部分组成？ 18. 按照机床的加工方式、使用的刀具和用途，将机床分为哪些类型？ 19. 车床上有哪些主要运动？卧式车床的工艺范围有哪些？ 20. 车床是由哪些主要部分组成的？ 21. 常用的铣床有哪几类？各有什么主要特点？ 22. 简述铣削加工的主要特点及加工范围。

课题 7

综合实践应用

能力目标

理论应用于实践的能力训练。

任务　轴支座加工综合训练

实施任务

1. 零件分析

（1）零件的作用　项目给出的零件是轴支座。其中，$\phi18^{+0.027}_{0}$mm 孔装摇臂轴，轴上两端各装一进、排气门摇臂，另一 $\phi16^{+0.11}_{0}$mm 孔内装一减压轴，两孔间距为（56 ± 0.05）mm，如图 7-1 所示。

（2）零件的材料及其力学性能　零件的材料为 HT200，是较高强度铸铁，基体为珠光体，强度、耐磨性、耐热性均较好，减振性也良好；铸造性能较好，需要进行人工时效处理，适用于承受较大应力的零件（弯曲应力 < 29.40MPa），摩擦面间的单位面积压力 > 0.49MPa（大于 10t 的大型铸件，在磨损条件下工作，压力 > 1.47MPa）。要求有一定的气密性或耐弱腐蚀性。

（3）零件的工艺分析　灰铸铁生产工艺简单，铸造性能优良，但塑性较差、脆性高，不适合磨削。轴支座需要加工表面及与各加工表面之间的位置要求：该零件上主要加工面为上端面、下端面、左右端面，$\phi18^{+0.027}_{0}$mm 孔与 $\phi16^{+0.11}_{0}$mm 孔，两孔间距为（56 ± 0.05）mm，以及 ϕ3mm 的油孔。该零件主要加工面为 ϕ18mm，ϕ16mm 圆柱孔，ϕ18mm 孔的轴线与下底面 *A* 平行度要求为 0.05mm，直接影响摇臂轴的接触精度及密封，孔的表面粗糙度为 *Ra*1.6μm。ϕ16mm 孔的表面粗糙度为 *Ra*3.2μm，ϕ18mm 孔的平行度要求为 0.05mm，所以对轴与孔的接触精度及密封还是比较高的。普通镗床镗孔精度可达 IT7，上述技术要求是可以达到的，零件的结构工艺性也是可行的。

2. 生产纲领与类型的确定

生产纲领是指企业在计划期间应当生产的产品产量和进度计划。计划期常为一年，所以

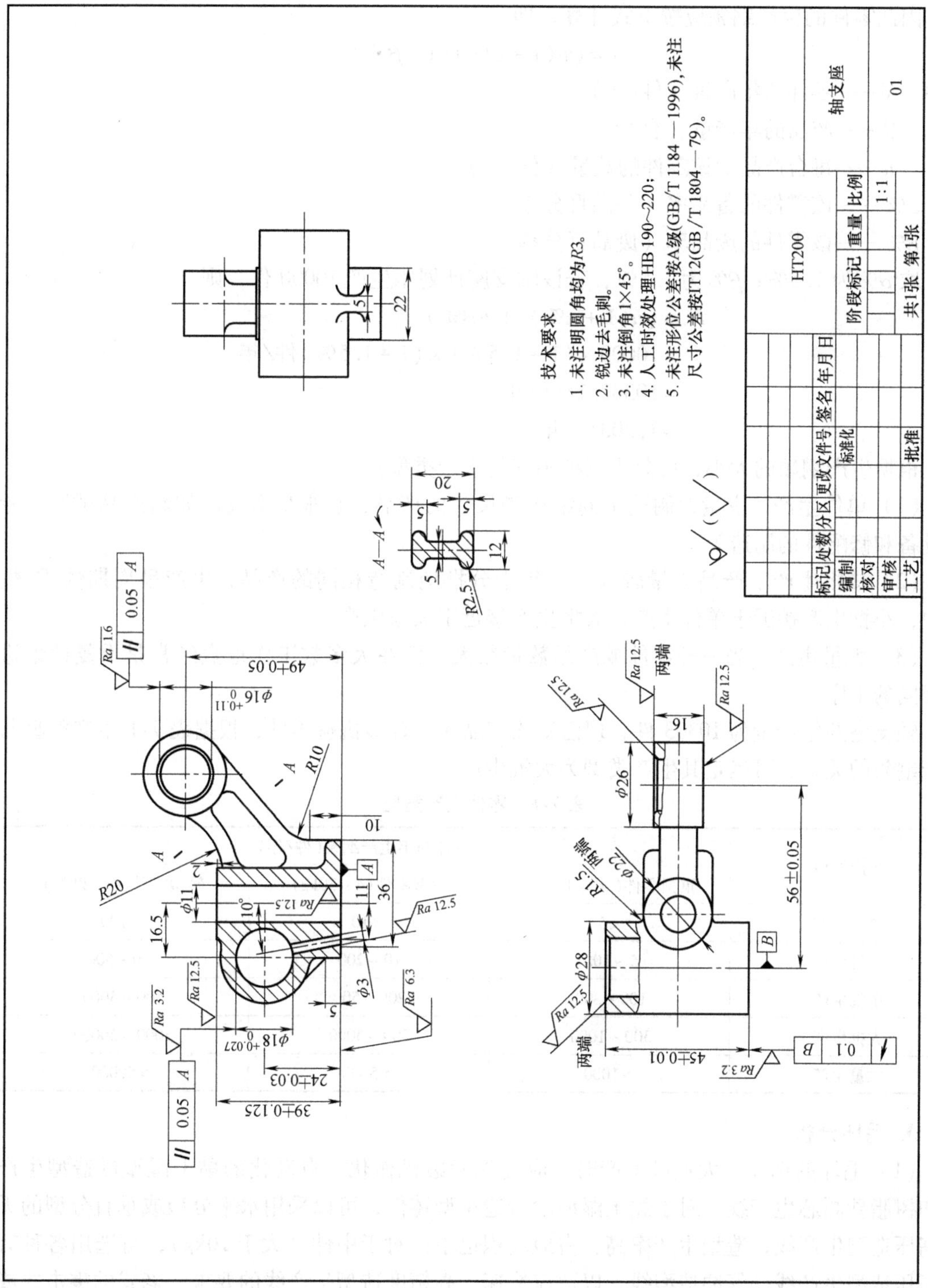
技术要求
1. 未注明圆角均为R3。
2. 锐边去毛刺。
3. 未注倒角1×45°。
4. 人工时效处理HB 190~220;
5. 未注形位公差按A级(GB/T 1184—1996),未注尺寸公差按IT12(GB/T 1804—79)。
HT200
轴支座
01
标记 处数 分区 更改文件号 签名 年月日
编制 标准化
核对
审核
工艺 批准
阶段标记 重量 比例
1:1
共1张 第1张
A—A
两端

图 7-1 轴支座

生产纲领常称为年产量。

对于零件而言，产品的产量除了制造机器所需要的数量之外，还要包括一定的备品和废品，因此零件的生产纲领应按下式计算，即

$$N = Qn(1+\alpha\%)(1+\beta\%)$$

式中 N——零件的年产量（件/年）；

Q——产品的年产量（台/年）；

n——每台产品中该零件的数量（件/台）；

$\alpha\%$——该零件的备品率（备品百分率）；

$\beta\%$——该零件的废品率（废品百分率）。

取 $\alpha\%$ 为 1.5%；$\beta\%$ 为 1.5%，若该轴支座计划年生产 10000 件，则

$$\begin{aligned} N &= Qn(1+\alpha\%)(1+\beta\%) \\ &= 10000\times(1+1.5\%)\times(1+1.5\%)\text{件/年} \\ &= 10302.25\text{件/年} \\ &\approx 10303\text{件/年} \end{aligned}$$

根据生产纲领的大小，可分为三种不同的生产类型：

（1）单件生产　少量地制造不同结构和尺寸的产品，且很少重复。如新产品试制、专用设备和修配件的制造等。

（2）成批生产　产品数量较大，一年中分批地制造相同的产品，生产呈周期性重复。其中，小批生产接近于单件生产，大批生产接近于大量生产。

（3）大量生产　当一种零件或产品数量很大，而在大多数工作地点经常是重复性地进行相同的工序。

轴支座的年产量为 10303 件，现已知该产品属于轻型机械零件，根据表 7-1 生产类型与生产纲领的关系，可确定其生产类型为大批生产。

表 7-1　零件生产类型

生产类型	零件的年生产纲领(件/年)		
	重型零件(30kg 以上)	中型零件(4～30kg)	轻型零件(4kg 以下)
单件生产	<5	<10	<100
小批生产	5～100	10～200	100～500
中批生产	100～300	200～500	500～5000
大批生产	300～1000	500～5000	5000～50000
大量生产	>1000	>5000	>50000

3. 毛坯分析

（1）毛坯的选择　大批量生产时，应优先考虑机械化、自动化的黏土湿型砂造型生产线和树脂砂制芯生产线。对于黏土湿型砂铸造小型铸件，可以采用水平分型或垂直分型的无箱高压造型生产线，造型生产率高，占地面积也小；对于中件（大于 10kg），可选用各种有箱高压造型生产线、气冲造型线，以适应快速、高精度造型生产线的要求。老式的震击式或震压式造型机生产线生产率低，工人劳动强度大，噪声大，不适应大量生产的要求，应逐步淘汰。

根据零件材料确定毛坯为铸件，毛坯的铸造方法选用砂型机器造型。由机械铸造手册查表确定各表面的余量。为消除残留应力，铸造后应安排人工时效处理。

（2）毛坯图的设计　如何确定毛坯尺寸，也就是如何确定加工余量，对确保加工质量、提高生产率和降低成本都有重要的意义。毛坯的制造应当以更有利于加工为目标，其尺寸基准的选择也应当以保证毛坯的尺寸公差最小为目标。余量不能确定过大还是过小，所以应当选择合适的方法来确定加工余量，保证零件加工各项尺寸及技术指标。同时，选择合适的尺寸公差对零件加工和零件生产的经济性也有很大的影响。

因为采用大批量生产，产量较大，所以要采用精度要求较高，生产率要求也较高的制造方法。毛坯尽量少切削，以减少机械加工工时，降低成本。图 7-2 所示为轴支座的毛坯图。

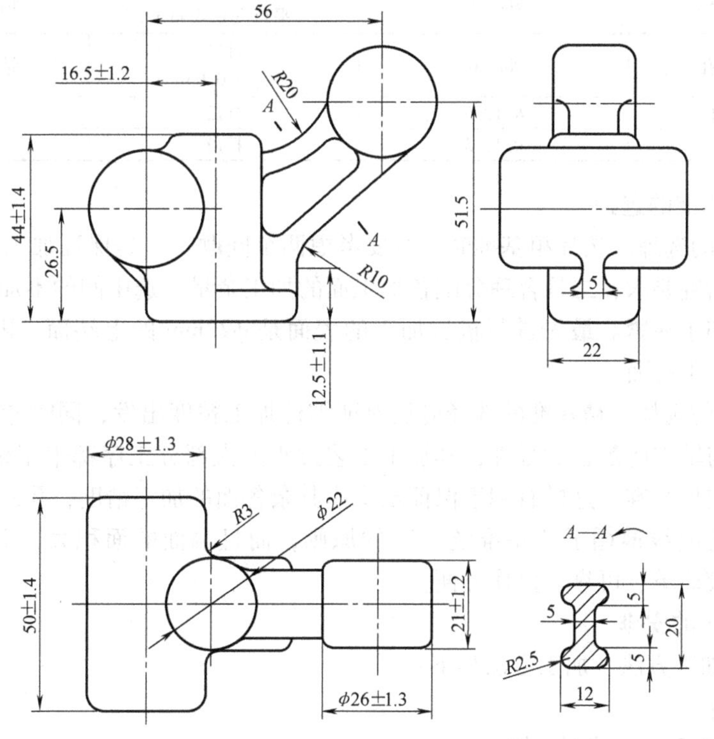

图 7-2　毛坯图

4. 工艺路线拟定

工艺路线用来表示企业产品在企业的一个加工路线（加工顺序）和在各个工序中的标准工时定额情况，是一种计划管理文件，不是企业的工艺文件，不能单纯地使用工艺部门的工艺卡来代替。工艺卡主要是用来指定工人在加工过程中的各种操作要求和工艺要求，而工艺路线则强调加工的顺序和工时定额情况，主要用来进行工序排产和车间成本统计。工艺路线是一种关联工作中心、提前期和物料消耗定额等基础数据的重要基础数据，是实施劳动定额管理的重要手段。从性质上来讲，工艺路线是指导制造单位按照规定的作业流程完成生产任务的手段。拟定工艺路线包括：定位基准的选择，各表面加工方法的确定，加工阶段的划分，工序集中程度的确定，工序顺序的安排。这也将是轴支座机械加工工艺规程设计制订的重点。

（1）加工方法的确定　加工方法的选择一般考虑的是在保证工件加工要求的前提下，提高工件的加工效率和经济性，而在具体的选择上，一般根据机械加工资料和工人的经验来确定。由于方法的多种多样，工人在选择时一般结合具体的工件和现场的加工条件来确定最佳的加工方案，见表7-2。

表7-2　加工基本方案

加工表面	表面粗糙度/μm	公差/精度等级	加工方法
ϕ22mm 上端面	Ra12.5	IT12	粗铣
下端面	Ra6.3	IT12	粗铣-半精铣
ϕ28mm 外圆端面	两端 Ra3.2	IT12	粗铣-半精铣
ϕ26mm 外圆端面	两端 Ra12.5	IT12	粗铣
ϕ18mm 圆柱孔	Ra3.2	IT8 平行度0.05mm	钻孔-镗孔-铰孔
ϕ16mm 圆柱孔	Ra1.6	IT11 平行度0.05mm	钻孔-镗孔-铰孔
四处 C1 倒角	Ra12.5	IT12	半精车
ϕ3mm 油孔	Ra12.5	IT12	钻

（2）定位基准的选择

1）粗基准的选择。选择粗基准时，主要考虑两个问题：一是保证加工面与不加工面之间的相互位置精度要求；二是合理分配各加工面的加工余量。选中间的不加工的毛坯面，可保证对称，有利于夹紧。最先进行机械加工的表面是 ϕ22mm 的上端面，再以 ϕ22mm 的上端面为基准加工下端面。

2）精基准的选择。精基准的选择应从保证零件加工精度出发，同时考虑装夹方便、夹具结构简单。与轴支座配合的零件，其加工工艺过程的大部分工序都采用统一的定位基准，选择下端面为定位基准，这样有利于保证轴支座其余各面的加工精度，孔的加工也能用它定位，这样使工艺路线遵循了“基准统一”的原则，而且端面的面积大，定位也比较稳定，夹紧方案也比较简单、可靠、操作方便。

5. 加工顺序的安排

（1）选择加工方法　加工方法如下：

备料：铸件。

ϕ22mm 上端面、下端面：铣。

ϕ28mm 外圆端面、ϕ26mm 外圆端面：铣。

ϕ18mm 孔、ϕ16mm 孔：钻、镗、扩。

四处 C1 倒角：锪孔钻。

（2）加工阶段的划分　零件的加工质量要求较高时，都应划分加工阶段。一般划分为粗加工、半精加工和精加工三个阶段。如果零件要求的精度特别高，表面粗糙度值很小时，还应增加光整加工和超精密加工阶段。在拟定零件工艺路线时，一般应遵守划分加工阶段这一原则，但具体应用时还要根据零件的情况灵活处理。例如，对于精度和表面质量要求较低而工件刚性足够、毛坯精度较高、加工余量小的工件，可不划分加工阶段。又如对一些刚性好的重型零件，由于装夹吊运很费时，也往往不划分加工阶段而在一次安装中完成粗精加工。加工阶段按加工路线分，对上下表面进行铣削，分为粗铣和精铣；对于 ϕ18mm 孔、ϕ16mm 孔的两个孔的加工，由于孔的直径较大，故需要先打中心孔，然后进行钻孔、镗孔和扩孔。

（3）工序划分的确定　工序集中与工序分散。工序集中是指将工件的加工集中在少数几道工序内完成，每道工序加工内容较多，工序集中使总工序数减少，这样就减少了安装次数，可以使装夹时间减少，减少夹具数目，应采用较强加工能力的机床。工序分散是将工件的加工分散在较多的工序中进行，每道工序的内容很少，最少时每道工序只包括一个简单工步。工序分散可使每个工序使用的设备、刀具等比较简单，机床调整工作简化，对操作工人的技术水平也要求低些。综上所述，考虑到工件是中批量生产的情况，采用工序分散原则。辅助工序的安排：辅助工序一般包括去毛刺及锐边、倒角、检验等。

（4）热处理工序的安排　热处理的目的是消除金属材料在浇注时，因冷却速度快，金属材料内部产生的内应力，避免将金属材料加工成零件后产生因内应力原因的变形，造成不必要的损失。尤其是一些大型的铸件，都要进行时效处理后才能进一步地加工。其处理方法分自然时效和人工时效两种。

自然时效处理是将铸件放在户外，任其日晒雨淋，雷电交加，四季交替，一般周期需要2～3年。

人工时效处理是针对自然时效法周期长的缺点，使用加热炉模仿自然状态的温度变化进行时效处理，优点是周期短，效果要比自然时效差。

综合考虑，热处理采用人工时效处理。

（5）拟定加工工艺路线　加工线路如下：

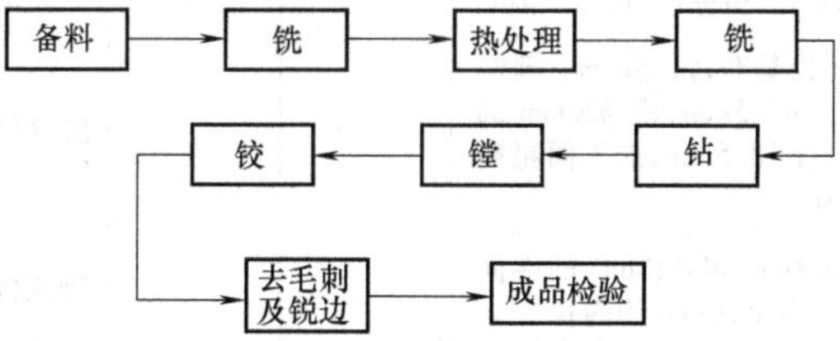

（6）确定加工工艺路线　确定的加工工艺路线如下：

00—备坯：铸造，清砂，检验。

05—热处理：190～220HBW（人工时效处理）。

10—铣削：铣上端面尺寸保证高度42mm，表面粗糙度值要求为$Ra12.5\mu m$。

15—铣削：铣下端面尺寸保证高度39mm，表面粗糙度值要求为$Ra6.3\mu m$。

20—钻削：钻$\phi11$mm通孔，表面粗糙度值要求为$Ra12.5\mu m$。

25—铣削：① 铣端面保证尺寸（39.5 ± 0.1）mm，表面粗糙度值要求为$Ra3.2\mu m$。

② 铣端面保证尺寸18.5mm，表面粗糙度值要求为$Ra12.5\mu m$。

30—铣削：① 铣端面保证尺寸（37 ± 0.1）mm，表面粗糙度值要求为$Ra3.2\mu m$。

② 铣端面保证尺寸16mm，表面粗糙度值要求为$Ra12.5\mu m$。

35—钻削：钻$\phi16$mm通孔，表面粗糙度值要求为$Ra25\mu m$。

40—钻削：钻$\phi14$mm通孔，表面粗糙度值要求为$Ra25\mu m$。

45—① 镗削：镗大孔保证孔径为$\phi17.9$mm。

② 铰：铰大孔保证孔径为$\phi18^{+0.027}_{0}$mm，表面粗糙度值要求为$Ra3.2\mu m$。

③ 镗削：镗小孔保证孔径为$\phi15.9$mm。

④ 铰：铰小孔保证孔径为$\phi16^{+0.11}_{0}$mm，表面粗糙度值要求为$Ra1.6\mu m$。

50—① 钻削：用 ϕ20mm 的经过加工成 90°的钻头对大孔的两边进行倒角 C1。

② 钻削：用 ϕ18mm 的经过加工成 90°的钻头对小孔的两边进行倒角 C1。

55—钻削：钻 ϕ3mm 孔，表面粗糙度值要求为 Ra12.5μm。

60—钳工：锐边去毛刺

65—检验。

工艺过程卡片见表 7-3。

表 7-3 工艺过程卡片

	机械加工工艺过程卡片		产品型号	气门组件	零部件图号	轴支座	共 页	
			产品名称		零部件名称		第 页	
材料	HT200	毛坯种类 / 铸件	毛坯外形尺寸 / 83×50×64.5	每毛坯件数	10303	每台件数	备注	
工序号	工序名称	工序内容	车间	工段	设备	工艺装备	工时 准终	工时 单件
00	备坯	型砂铸造，清砂，检验						
05	热处理	人工时效处理，190～220HBW			热处理炉			
10	铣 1	铣上端面尺寸，保证高度尺寸 41.5mm，粗糙度 Ra12.5μm			立式铣床			
15	铣 2	铣下端面尺寸，保证高度尺寸 39mm，粗糙度 Ra6.3μm			立式铣床			
20	钻 1	钻 ϕ11mm 孔，粗糙度 Ra12.5μm			钻床	专用夹具		
25	镗 1	以下端面为基准，铣 ϕ28mm 圆端面，保证长度 47.5mm，铣 ϕ26mm 圆端面保证长度 18.5mm，加工面粗糙度 Ra12.5μm			卧式镗床			
30	镗 2	分别在 ϕ28mm 和 ϕ26mm 的端面上钻 ϕ18mm 与 ϕ16mm 的内孔			卧式镗床			
35	镗 3	在 ϕ28mm 的端面上镗 ϕ17.9mm 的内孔并铰孔尺寸达图，倒 C1 角，保证加工面粗糙度 Ra12.5μm			卧式镗床			
40	镗 4	在 ϕ26mm 的端面上镗 ϕ15.9mm 的内孔并铰孔尺寸达图，最后倒 C1 角，保证各加工面粗糙度 Ra12.5μm			卧式镗床			
45	镗 5	掉头以下端面为基准，分别铣 ϕ26mm 与 ϕ28mm 圆的端面尺寸达图，并分别倒 C1 角，保证各加工面粗糙度 Ra12.5μm			卧式镗床			
50	钻 2	钻 ϕ3mm 孔，粗糙度 Ra12.5μm			钻床	专用夹具		
55	钳工去毛刺	去除全部毛刺			钳工工作台			
60	检验	成品检验						

标记	处记	更改文件号	签字	日期	标记	处记	更改文件号	签字	日期	编制（日期）	审核（日期）	会审（日期）	

（7）设备、刀具、夹具、量具及辅助工具 加工中用到的设备、刀具、夹具、量具及辅助工具如下：

备坯 量具：游标卡尺。

热处理 量具：游标卡尺。

铣削 设备：立式铣床。

刀具：面铣刀。

夹具：机用虎钳。

量具：游标卡尺，标准表面粗糙度对照样板，39mm 的卡规，37mm 的卡规，16mm 的卡规。

钻削 设备：钻床。

刀具：ϕ11mm 麻花钻，ϕ3mm 加长麻花钻。

夹具：专用夹具。

量具：标准表面粗糙度对照样板，ϕ11mm 的塞规，通端为 $\phi11^{+0.014}_{+0.008}$mm，止端为 $\phi11^{+0.11}_{+0.104}$mm，ϕ16mm 与 ϕ18mm 麻花钻，游标卡尺，ϕ3mm 的塞规，通端为 $\phi3^{+0.0075}_{+0.0045}$mm，止端为 $\phi3^{+0.06}_{+0.057}$mm。

镗削 设备：卧式镗床。

刀具：通孔镗刀、钻头、面铣刀。

夹具：专用夹具。

量具：游标卡尺。

铰削 设备：卧式镗床。

刀具：ϕ16mm 机铰刀，ϕ18mm 机铰刀。

夹具：专用夹具。

量具：标准表面粗糙度对照样板，ϕ18mm 的塞规，通端为 $\phi18^{+0.0018}_{+0.0026}$mm，止端为 $\phi18^{+0.027}_{+0.0242}$mm；标准表面粗糙度对照样板，$\phi$16mm 的塞规，通端为 $\phi16^{+0.014}_{+0.008}$mm，止端为 $\phi16^{+0.11}_{+0.104}$mm。

钳工 夹具：机用虎钳。

刀具：锉刀。

6. 工艺设计

1）加工余量、工序尺寸及其公差的确定（见表7-4）。

表7-4 加工余量、工序尺寸及其公差

加工表面	工序余量/mm		工序尺寸及公差/mm		
	粗	精	粗	半精	精
ϕ22mm 上端面圆	2.5		41.5 ±0.125		—
下端面	0.25		40.25 ±0.125	39 ±0.125	
钻 ϕ11mm 孔	0.105		ϕ(11 ±0.105)		
ϕ28mm 前端面	2.5		47.25 ±0.125		—
ϕ28mm 后端面	0.25		45 ±0.125		
ϕ26mm 前端面	2.5		18.25 ±0.125		—
ϕ26mm 后端面	0.25		16 ±0.125		

（续）

加工表面		工序余量/mm		工序尺寸及公差/mm		
		粗	精	粗	半精	精
ϕ18mm 内孔	钻孔	0.1		ϕ17.9		
	镗孔	0.027		ϕ18		
	铰孔			$\phi18^{+0.027}_{0}$		
ϕ16mm 内孔	钻孔	0.1		ϕ15.9		
	镗孔	0.11		ϕ16		
	铰孔			$\phi16^{+0.11}_{0}$		
ϕ3mm 油孔				$\phi(3\pm0.125)$		

2）专用夹具的选用。铣、镗以及钻 ϕ3mm 油孔都需要选用专用夹具。

7. 零件加工工时定额与经济技术分析及工序卡片（以铣 1 和铣 2 两工序为例）

（1）铣 ϕ22mm 上端面　切削速度 $v=0.96\text{m/s}$，背吃刀量 $a_p=2.5\text{mm}$。利用三面刃铣刀，$D=100\text{mm}$，$d=40\text{mm}$，$z=10$。查《机械制造手册》切削部分，可得

$$f=0.03\text{mm/z},n_s=\frac{1000v}{\pi d}=764.3\text{r/min}$$

故选择机床转速 750r/min，$f_m=fzn_s=225\text{mm/min}$。

计算基本工时　$t=\dfrac{l}{f_m}=1.5\text{min}=0.025\text{h}$

辅助工时：0.0167h

铣 ϕ22mm 上端面总工时：0.0417h，工序卡片见表 7-5。

表 7-5　铣上端面工序卡片

	机械加工工序卡片	产品型号	气门组件	零部件图号	轴支座	共　页
		产品名称		零部件名称		第　页

材料	HT200	毛坯种类	铸件	毛坯外形尺	83×50×64.5	各毛坯件数	10303	每台件数		备注	

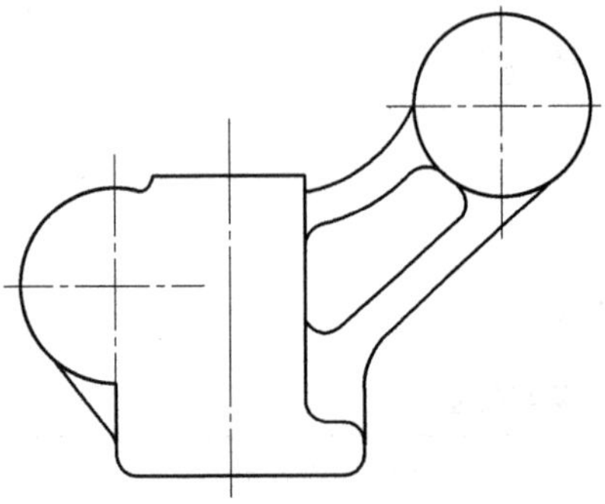

车间	工序号	工序名称	材料牌号	
	15	铣 1		
毛坯种类	毛坯外形尺寸	毛坯件数	每台件数	
	83×50×64.5	10303		
设备名称	设备型号	设备编号	同时加工件数	
卧式铣床	×60		1	
夹具编号	夹具名称		冷却液	
	机用虎钳			
			工序工时	
			准终	单件

工步号	工步内容	工艺装备	主轴转速/(r/min)	切削速度/(m/s)	进给量/(mm/r)	背吃刀量/mm	走刀次数	工时定额	
								机动	辅助
1	铣上表面保证高度尺寸为 42mm 粗糙度为 $Ra12.5\mu\text{m}$	面铣刀	200	0.96	0.125	1.25	2		

										编制日期	审核日期	会审日期	
标记	处数	更改文件号	签字	日期	标记	处数	更改文件号	签字	日期				

（2）铣下端面　切削速度 $v=0.96\text{m/s}$，背吃刀量 $a_p=2.5\text{mm}$。

$$t=\frac{2.5}{1000\times0.96\times3600}\text{h}=0.0000007233\text{h}$$

辅助工时：0.0167h。

铣下端面圆总工时：0.016700723h，工序卡片见表 7-6。

表 7-6　铣下端面圆工序卡片

××××学院		产品型号	气门组件	零部件图号	轴支座	共　页
		产品名称		零部件名称		第　页

材料	HT200	毛坯种类	铸件	毛坯外形尺寸	83×50×64.5	各毛坯件数	10303	每台件数	1	备注	

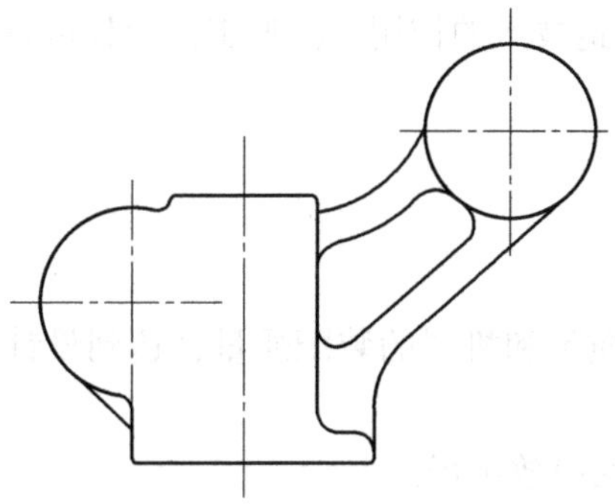

车间	工序号	工序名称	材料牌号
	20	铣 2	HT220
毛坯种类	毛坯外形尺寸	毛坯件数	每台件数
	83×50×64.5	10303	1
设备名称	设备型号	设备编号	同时加工件数
卧式铣床	×60		1
夹具编号	夹具名称		冷却液
	机用虎钳		
			工序工时
			准终 / 单件

工步号	工步内容	工艺装备	主轴转速/(r/min)	切削速度/(m/min)	进给量/(mm/r)	背吃刀量/mm	走刀次数	工时定额 机动	工时定额 辅助
1	铣下表面保证高度尺寸为 39mm，表面粗糙度值为 $Ra6.3\mu\text{m}$	面铣刀	200	0.96	0.08	1.5	2		

										编制日期	审核日期	会审日期	
标记	处数	更改文件号	签字	日期	标记	处数	更改文件号	签字	日期				

知识链接

在生产过程中凡属直接改变生产对象的尺寸、形状、物理化学性能，以及相对位置关系的过程，统称为工艺过程，其他过程则称为辅助过程。工艺过程又可分为铸造、锻造、冲压、焊接、机械加工、热处理、装配等。一个同样要求的零件，可以采用几种不同的工艺过程来加工，但其中总有一种工艺过程在给定的条件下是最合理的，人们把工艺过程的有关内容用文件的形式固定下来，用以指导生产，这个文件称为工艺规程。

7.1 工艺规程的作用

1. 工艺规程是工厂进行生产准备工作的主要依据

产品在投入生产之前要做大量的生产准备工作，包括原材料和毛坯的供应，机床的配备和调整，专用工艺装备的设计制造，核算生产成本，以及配备人员等，所有这些工作都要根据工艺规程进行。

2. 工艺规程是企业组织生产的指导性文件

工厂管理人员根据工艺规程规定的要求，编制生产作业计划，组织工人进行生产，并按照工艺规程要求验收产品。

3. 工艺规程是新建和扩建机械制造厂（或车间）的重要技术文件

新建和扩建机械制造厂（或车间）需根据工艺规程确定机床和其他辅助设备的种类、型号规格和数量，厂房面积，设备布置，生产工人的工种、等级及数量等。

此外，先进的工艺规程还起着交流和推广先进制造技术的作用。典型工艺规程可以缩短工厂摸索和试制的过程。

7.2 工艺规程的设计原则

工艺规程设计必须遵循以下原则：

1）所设计的工艺规程必须保证机器零件的加工质量和机器的装配质量，达到设计图样上规定的各项技术要求。

2）工艺过程应具有较高的生产率，使产品能尽快投放市场。

3）尽量降低制造成本。

4）注意减轻工人的劳动强度，保证生产安全。

7.3 工艺规程设计所需原始资料

设计工艺规程必须具备以下原始资料：

1）产品装配图、零件图。

2）产品验收质量标准。

3）产品的年生产纲领。

4）毛坯材料与毛坯生产条件。

5）制造厂的生产条件，包括机床设备和工艺装备的规格、性能和当前的技术状态，工人的技术水平，工厂自制工艺装备的能力以及工厂供电、供气的能力等有关资料。

6）工艺规程设计、工艺装备设计所用设计手册和有关标准。

7）国内外有关制造技术资料等。

7.4 工艺文件

工艺规程设计出来以后，还需以图表、卡片和文字材料的形式固定下来，以便贯彻执行，这些图表、卡片和文字材料统称为工艺文件。

1. 机械加工工艺过程卡片

此卡片以工序为单元简要说明工作的加工工艺路线，包括工序号、工序名称、工序内容、所经车间工段、所用机床与工艺装备的名称、时间定额等，见表7-3。它主要用来表示工件的加工流向，供安排生产计划、组织生产调度用。

2. 机械加工工序卡片

工序卡片的填写内容见表7-5。此卡片是在机械加工工艺过程卡片的基础上分别为每一工序编制的一种工艺文件，它指导操作工人完成某一工序的加工。此卡片主要用于大批大量生产；在成批生产中加工一些比较重要的工件时，有时也编制机械加工工序卡片。工序卡片要求画工序简图，工序简图需用定位夹紧符号表示定位基准、夹压位置和夹压方式；用加粗实线指出本工序的加工表面，标明工序尺寸、公差及技术要求。对于多刀加工和多工位加工，还应绘出工序布置图，要求标明每个工位刀具和工件的相对位置和加工要求。

参考文献

[1] 罗会昌，王俊山．金属工艺学［M］．4版．北京：高等教育出版社，2000.
[2] 郁兆昌．金属工艺学［M］．2版．北京：高等教育出版社，2014.
[3] 王雅然．金属工艺学［M］．2版．北京：机械工业出版社，2011.
[4] 王特典．工程材料［M］．南京：东南大学出版社，1996.
[5] 邓文英．金属工艺学［M］．4版．北京：高等教育出版社，2000.
[6] 王英杰，陈礁．金属加工与实训——基础常识与技能训练［M］．2版．北京：高等教育出版社，2014.
[7] 崔国利．机械加工技术与实训［M］．北京：机械工业出版社，2009.